FLÜSSIGGAS Handbuch

Installation von Flüssiggasanlagen nach den ”Technischen Regeln Flüssiggas“ (TRF 1988)

Autoren:
Peter Blau
Michael Bohnen
Gerhard Bräuninger
Christof Junginger
Willibald Kinnebrock
Friedhelm Kortmann
Hans Ulrich Metzger
Klaus Stiller
Ernst Willers

Deutscher Verband Flüssiggas e.V. Flüssiggas DVFG

Wird danken allen Personen und Firmen, die uns bei der Erstellung dieses Handbuches durch Beiträge und Bildmaterial unterstützt haben.

Deutscher Verband Flüssiggas e.V. (DVFG), Kronberg

Herausgeber:
Deutscher Verband Flüssiggas e. V. (DVFG)
Westerbachstraße 23
6442 Kronberg/Ts.
Telefon: 0 61 73-40 77

Verlagsgesellschaft Flade + Partner mbH
Elisabethstraße 34
8000 München 40
Telefon: 0 89-2 71 30 21

Produktion und Gestaltung:
FP-Werbung, München
Grafik: Ute Schroeter
Satz: FM Fotosatz GmbH München
Titel: Nino Bastone
Lithos: Druckteufel, München
Druck: Gotteswinter GmbH München

1. Auflage 1989
ISBN 3-922804-19-6

Vorwort

Zu den „Technischen Regeln Flüssiggas" – TRF 1988 – hat der Deutsche Verband Flüssiggas e. V., das vorliegende Handbuch herausgegeben. Dem Praktiker soll es als Erläuterungs- und als Nachschlagewerk dienen, den Berufschulen und den Meisterschulen auch als Lehrmittel. Mit seinen Erläuterungen, Hinweisen und Beispielen erleichtert das Handbuch dem Leser das Verständnis für Inhalt, Zusammenhänge und den Hintergrund der einzelnen technischen Regeln.

In ihrem Anwendungsbereich, nämlich der Einrichtung und Prüfung **privat** genutzter Flüssiggasanlagen, geben die TRF 1988 die Regeln der Flüssiggastechnik wieder, die nach der Überzeugung der erfahrenen Flüssiggastechniker richtig sind und allgemeine Anerkennung und Anwendung gefunden haben. Da sich solche „allgemein anerkannten Regeln der Technik" mit der Zeit ändern können, z. B. durch neuere Erkenntnisse oder die Weiterentwicklung von Anwendungstechniken, ist von Zeit zu Zeit eine Anpassung unerläßlich.

Bei den TRF 1988 handelt es sich daher um die neueste Fassung der in Flüssiggasfachkreisen „allgemein anerkannten Regeln der Technik". Die Zahl 1988 weist auf ihr Herausgabejahr hin. Wie schon die früheren Fassungen (TRF 1954, TRF 1969) ist eine erneute Novellierung vorgesehen, wenn durch Weiterentwicklung von Anwendungstechniken oder veränderten Auffassungen in Flüssiggasfachkreisen eine Neufassung zweckmäßig erscheint.

Im Hinblick darauf, daß dieses Regelwerk sich im Laufe der Zeit verändern kann und auch gesetzliche Vorschriften geändert und erweitert werden können, müssen die „Sachkundigen", die sich mit der Einrichtung und Prüfung von Flüssiggasanlagen befassen, ständig dafür sorgen, daß sie über solche Änderungen von Regelwerken oder von Änderungen auf dem Gebiet der gesetzlichen Vorschriften stets auf dem laufenden bleiben. Dies erfordert regelmäßige Lektüre von Fachzeitschriften des Flüssiggasfachs und Studium der Regelwerke und der gesetzlichen Vorschriften. Die Teilnahme an Fachlehrgängen eignet sich zur schnellen Unterrichtung und zur Nutzung des Erfahrungsaustausches besonders.

Seite / Inhalt

Seite	Inhalt

Seite | Inhalt

1

Allgemeines

1 Allgemeines

In ihrem Anwendungsbereich, der Einrichtung und Prüfung von **privat** genutzten Flüssiggasanlagen, regeln die TRF 1988 neben der anzuwendenden Technik zugleich auch die personellen Anforderungen an die mit der Einrichtung und Prüfung solcher Anlagen befaßten Personen.

1.1 Geltungsbereich

Vor Anwendung eines jeden technischen Regelwerks und jeder technischen Vorschrift ist die Frage zu klären, ob das betreffende Regelwerk oder die betreffende Vorschrift auf die zur Einrichtung oder Prüfung kommende Anlage anwendbar ist. Sofern und soweit eine unmittelbare Anwendung nicht in Betracht kommt, kann eine sinngemäße Anwendung auf Anlagen außerhalb ihres Geltungsbereichs in Betracht kommen, wenn es für die betreffende technische Aufgabe an einer zwingenden gesetzlichen Vorschrift oder an einer für die betreffende Anwendungstechnik bestehenden „allgemein anerkannten Regel der Technik" fehlt und deshalb die lediglich analoge Anwendung der TRF 1988 für diesen technischen Anwendungsfall sinnvoll erscheint. Dabei darf nicht übersehen werden, daß jeder, der die TRF 1988 außerhalb ihres Anwendungsbereiches analog anwendet, auch die Verantwortung für die sinngemäße Anwendung und die technische Unbedenklichkeit dieser Anwendung übernimmt.

Der Geltungsbereich der TRF 1988 umfaßt alle **privat** genutzten Flüssiggasanlagen in Gebäuden. Zusätzlich sind die jeweilige Landesbauordnung und ggf. die mit der Baugenehmigung erteilten Auflagen der Bauaufsichtsbehörden zu beachten.

Der Vollständigkeit halber sei darauf hingewiesen, daß die TRF 1988 nicht für Flüssiggasanlagen in Fahrzeugen gilt. Hier sind bei privat genutzten Landfahrzeugen, wie z. B. Wohnwagen-Anhängern und Reisemobilen das DVGW-Arbeitsblatt G 607 „Flüssiggasanlagen in Fahrzeugen" zu beachten, für privat genutzte Wassersportfahrzeuge das DVGW-Arbeitsblatt G 608 „Flüssiggasanlagen auf Wassersportfahrzeugen".

Anmerkung: Bezüglich Flüssiggasanlagen im Bereich von Gewerbe und Industrie siehe unter 1.2.1

1.2 Einrichtung und Prüfung von Flüssiggasanlagen

Fachwissen und Sachkunde sind geboten und unerläßlich. Von nachfolgenden Betrieben kann im allgemeinen angenommen werden, daß diese Voraussetzungen erfüllt werden sowohl für die Einrichtung als auch die Instandhaltung, die Änderung und die Prüfung von Flüssiggasanlagen im Sinne der TRF 1988, also im Sinne der Ziffer 1.2.1 „Erstellen, Instandhalten und Ändern" als auch der Ziffern 9.1, 9.3 bis 9.6 „Prüfung von Flüssiggasanlagen":

Betriebe, die für Gas- und Wasserinstallationen zugelassen und in die Handwerksrolle eingetragen sind,

Betriebe, die für den Zentralheizungs- und Lüftungsbau zugelassen und in die Handwerksrolle eingetragen sind,

Betriebe, die aufgrund nachgewiesener Sachkunde und Erfahrung eine Ausnahmebewilligung für Flüssiggasanlagen aufgrund der Handwerksordnung erhalten haben,

Betriebe, die mit einem Flüssiggasversorgungsunternehmen, das berechtigt ist, Gas- und Wasserinstallationen auszuführen, kooperieren,

Betriebe, die als Fachfirmen für Flüssiggasanlagen bei der Industrie- und Handelskammer eingetragen sind.

1.2.1 Flüssiggasanlagen im Bereich von Gewerbe und Industrie

Zur Zeit sind folgende Vorschriften zu beachten:

- Das Bundes-Immissionsschutzgesetz (BImSchG) in Verbindung mit der 4. Bundes-Immissionsschutz-Verordnung (BImSchV) für die Errichtung und den Betrieb von Versorgungsanlagen mit ortsfesten Flüssiggasbehältern ab 3000 kg Fassungsvermögen;
- Die Druckbehälterverordnung (Stand 1. 5. 89) mit den Technischen Regeln Druckbehälter (TRB) für Versorgungsanlagen und ortsfeste Flüssiggasbehälter

  Technischen Regeln Druckgase (TRG) für Versorgungsanlagen mit Flüssiggasflaschen

  Technischen Regeln Rohrleitungen (TRR) – in Bearbeitung – für Flüssiggasleitungen mit einem Betriebsdruck $>$ 0,1 bar, die mit einem Flüssiggasbehälter in Verbindung stehen;
- Die Unfallverhütungsvorschriften, soweit sie für Flüssiggas relevante Bestimmungen enthalten;
- Die Richtlinien der Berufsgenossenschaften für die Verwendung von Flüssiggas für spezielle Anwendungsgebiete;
- Das DVGW-Regelwerk, insbesondere die Arbeitsblätter für die Installation und den Betrieb von Gasgeräten.

Für gewerblich genutzte Land- und Wasserfahrzeuge sind die Richtlinien der Berufsgenossenschaften zu beachten und anzuwenden.

1.2.2 Lagerung von Flüssiggasflaschen

Die TRF 1988 enthalten keine besonderen Festlegungen. Die **Technischen Regeln Druckgase – TRG 280** zur Druckbehälterverordnung sind entsprechend anzuwenden (siehe Merkblatt des DVFG Anhang 1).

1.2.3 Transport von Flüssiggasflaschen

Auch hierzu enthalten die TRF 1988 keine Festlegungen. Findet der Transport auf öffentlichen Straßen statt, so ist in Abhängigkeit von der jeweils zu transportierenden Menge die **Gefahrgut-Verordnung Straße – GGVS** zu beachten (siehe Merkblatt des DVFG Anhang 2).

Gewinnung, physikalische- und brenn-technische Eigen-schaften

2

2 Gewinnung, physikalische und brenntechnische Eigenschaften

2.1 Flüssiggas-Gewinnung

Flüssiggase sind Propan, Butan und deren Gemische. Die Qualitätsanforderungen ergeben sich aus DIN 51 622 und dem DVGW-Arbeitsblatt G 260/I.

Als Brenngas wird in der Bundesrepublik Deutschland im Bereich der TRF Propan verwendet. Butan hingegen dient hauptsächlich der chemischen Industrie als Grundstoff.

Flüssiggas ist unter normalen atmosphärischen Bedingungen gasförmig, verflüssigt sich jedoch schon bei Raumtemperatur unter relativ geringem Druck. Dieser besonderen Eigenschaft verdankt Flüssiggas seinen Namen. Weil es in flüssigem Zustand nur einen Bruchteil seines Gasvolumens, nämlich etwa 1/260 beansprucht, lassen sich große Energiemengen leicht transportieren und lagern.

Flüssiggas wird in der Raffinerie aus Rohöl gewonnen, in zylindrischen oder kugelförmigen Druckbehältern gelagert, mit Binnenschiffen, Kesselwagen und Straßentankwagen transportiert.

Der steigende Bedarf wird zunehmend durch Importe aus den Erdölfördergebieten gedeckt, wo Flüssiggas als Begleitgas bei der Erdöl- und Erdgasgewinnung anfällt.

Zur Versorgung der Bundesrepublik Deutschland wird es in Hochseetankern zu den Terminals an der Nordseeküste gebracht und kommt über verschiedene Verkehrswege zu den Flüssiggas-Versorgungsunternehmen und Großverbrauchern.

Die vorwiegend mittelständisch strukturierten Flüssiggas-Versorgungsunternehmen mit ihren zahlreichen Füllbetrieben und großen Lagerkapazitäten gewährleisten eine sichere Versorgung.

Bild 2.1

Bild 2.2

Bild 2.3

2.2. Physikalische und brenntechnische Eigenschaften von Flüssiggas

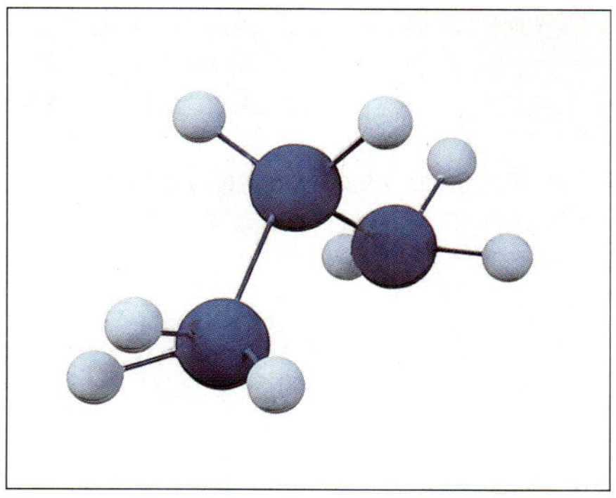

Propan $C_3 H_8$ *Bild 2.4*

```
    H H H
    | | |
  H-C-C-C-H
    | | |
    H H H
```

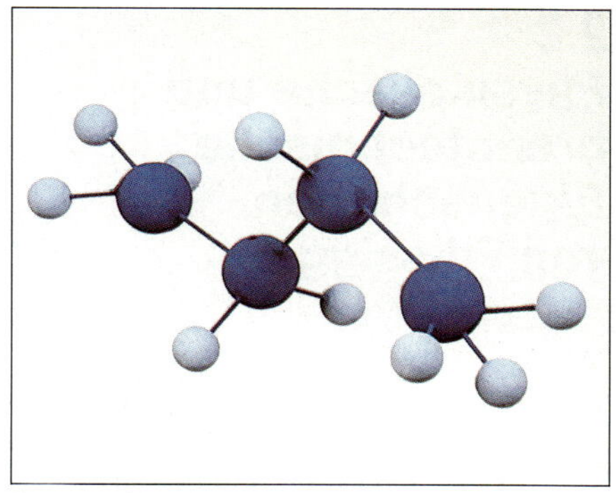

Butan $C_4 H_{10}$ *Bild 2.5*

```
    H H H H
    | | | |
  H-C-C-C-C—H
    | | | |
    H H H H
```

Physikalische Daten von Flüssiggas		Propan	n-Butan
Dichte der flüssigen Phase bei 15°C in kg/l Dichte des Gases bei 0°C 1 bar in kg/Nm³		0,51 1,97	0,58 2,59
Dichteverhältnis gegen Luft (Luft = 1)		1,55	2,09
Spezifisches Volumen flüssig von 1 kg Flüssiggas	bei 0°C in l bei 15°C in l	1,88 1,96	1,68 1,72
Volumen von 1 kg Gas (bei 1 bar)	bei 0°C in l bei 15°C in l	508 535	373 393
Dampfdruck in bar Überdruck	bei 20°C 0°C – 10°C	7,353 3,703 2,424	1,089 0,059 – 0,289
Siedepunkt in	°C bei 1,013 bar	– 42	– 0,5
Verdampfungswärme bei 0 °C	kJ/kg	378,58	383,86
Heizwert H_u (unterer Heizwert)	kWh/kg	12,87	12,69
Brennwert H_o (oberer Heizwert)	kWh/kg	13,98	13,74
Wobbezahl W_u bezogen auf H_u	kWh	20,79	23,74
Max. Verbrennungs- mit Luft temperatur mit Sauerst.	°C °C	1925 2850	1895 2850
Zündtemperatur mit Luft	°C	510	430
Zündgrenzen (Explosionsgrenze) mit Luft	Vol. % Gas	2 – 9,5	1,5 – 8,5
Max. Flammengeschwindigkeit	cm/sec	47,2	45,2
Theoretischer Luftbedarf (Lmin)	m^3_n/m^3_n	24,36	32,308
Theoretischer Sauerstoffbedarf	m^3_n/m^3_n	5,104	6,769
Verbrennungsgasmenge, feucht	m^3_n/m^3_n	26,244	34,709
Verbrennungsgasmenge, trocken	m^3_n/m^3_n	22,3	29,68
Taupunkt der Verbrennungsprodukte	°C	55	55
CO_2 max. (Vol. %)		13,8	14,1

Tabelle 2.1

2 Gewinnung, physikalische und brenntechnische Eigenschaften

2.2 Physikalische und brenntechnische Eigenschaften von Flüssiggas

Der sichere Umgang mit Flüssiggas erfordert Kenntnisse über dessen Eigenschaften. In DIN 51 622 sind die Anforderungen für Flüssiggas festgelegt. Ein Auszug aus dieser DIN gibt Aufschluß über die Zusammensetzung.

Im Bereich der Bundesrepublik Deutschland wird für die Versorgung von Flaschen und ortsfesten Behältern bis 15 000 l Propan eingesetzt.

Propan:
Mindestens 95 % Massenanteile Propan und Propen; der Propananteil muß überwiegen. Der Rest darf aus Ethan, Ethen, Butan- und Butenisomeren bestehen.

Butan:
Mindestens 95 % Massenanteile Butan- und Butenisomere; der Gehalt an Butanisomeren muß überwiegen. Der Rest darf aus Propan, Propen, Pentan- und Pentenisomeren bestehen.

Bei Umgebungstemperatur kann Flüssiggas nur in Druckbehältern flüssig gelagert werden, da sich abhängig von der jeweiligen Temperatur ein bestimmter Dampfdruck einstellt.

Z. B. für Propan bei 0°C ca. 4 bar
bei 15°C ca. 6 bar
bei 30°C ca. 10 bar)

Drucklos läßt sich Flüssiggas nur bei Siedetemperatur (Propan – 42°C, Butan 0°C) in wärmeisolierten Behältern aufbewahren. Dabei findet keine Verdampfung statt.

Der Behälterdruck ist nur von der Zusammensetzung des Flüssiggases und dessen Temperatur, jedoch nicht vom Füllungsgrad des Behälters abhängig.

Reinheitsgrad:

Wasserstoff + Stickstoff + Sauerstoff + Methan	Massenanteil in %	max. 0,2
Schwefelwasserstoff (Dihydrogensulfid)		nicht nachweisbar
Elementarschwefel	mg/kg	max. 1,5
Kohlenstoffoxidsulfidschwefel + Elementarschwefel	mg/kg	max. 5
Flüchtiger Schwefel	mg/kg	max. 50
Abdampfrückstand	mg/kg	max. 50
Ammoniak, Wasser, Lauge		nicht nachweisbar

Tabelle 2.2

Bei handelsüblichem Flüssiggas werden die vorgenannten Grenzwerte deutlich unterschritten.
Der Geruch ist ausreichend zur Wahrnehmung von Leckgas.

Volumenvergrößerung von Propan vom flüssigen in den gasförmigen Zustand (1/260)

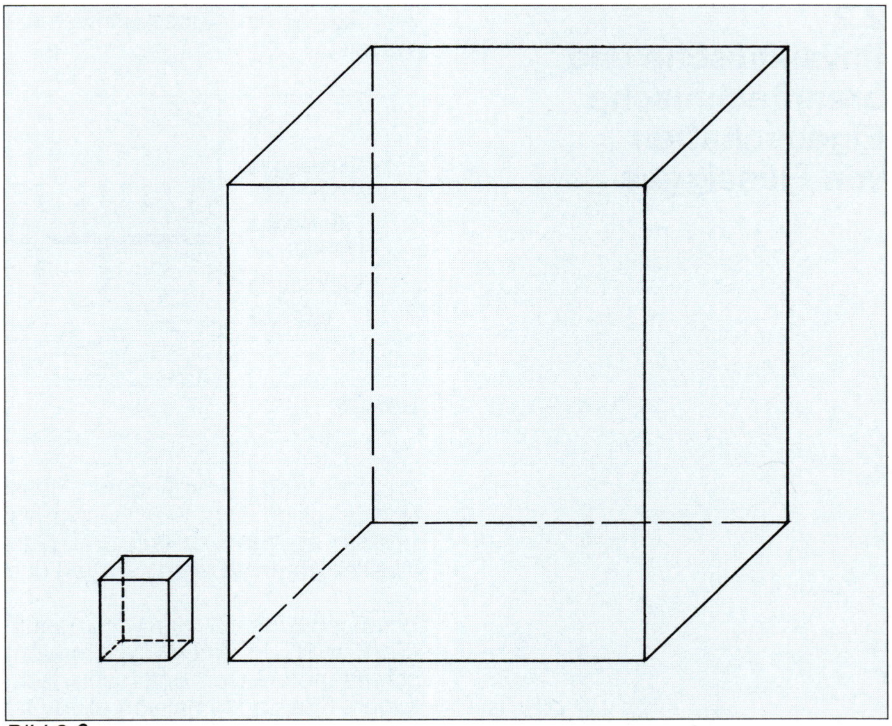

Bild 2.6

Zur praktischen Verwendung kann das Flüssiggas der Gasphase entnommen werden, die Nachverdampfung aus der Flüssigphase sorgt für einen ständigen Nachschub. Dieser Siedevorgang erfordert Verdampfungswärme. Diese wird über die Behälterwandung bei oberirdischen Behältern der Umgebungsluft, bei erdgedeckten Behältern dem umgebenden Erdreich entzogen. Bei größeren Entnahmemengen muß künstlich Wärme über sog. Verdampfer zugeführt werden.

Die Dampfdruckkurve zeigt den Zusammenhang zwischen Druck und Temperatur im Siedezustand, sie gilt nur bei gleichzeitigem Vorhandensein der flüssigen und gasförmigen Phase.

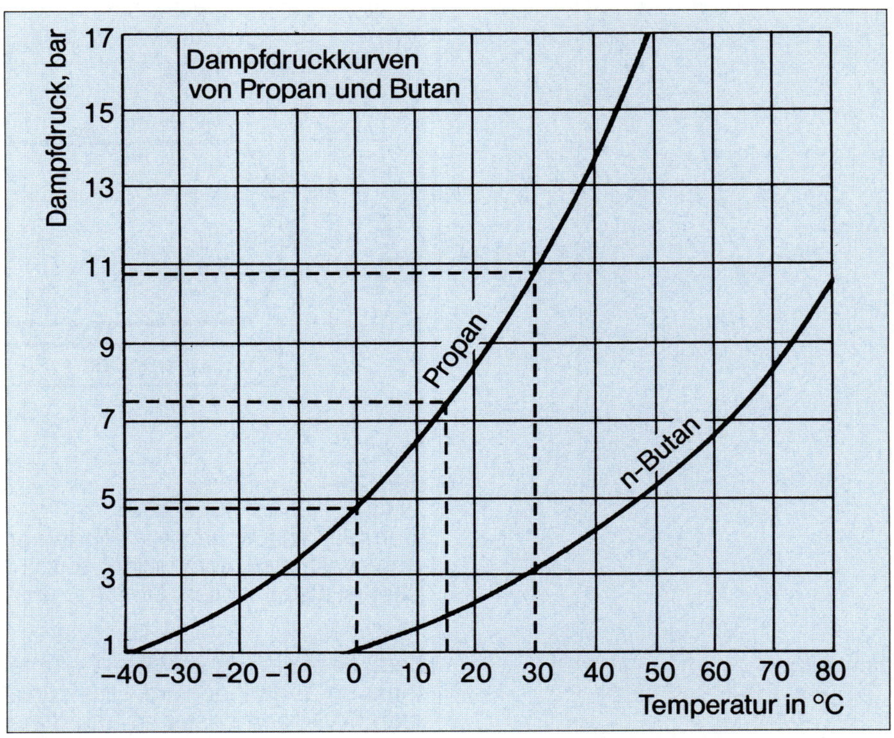

Bild 2.7

2 Gewinnung, physikalische und brenntechnische Eigenschaften

2.2 Physikalische und brenntechnische Eigenschaften von Flüssiggas

Als Gas ist Flüssiggas schwerer als Luft, als Flüssigkeit ist es leichter als Wasser.

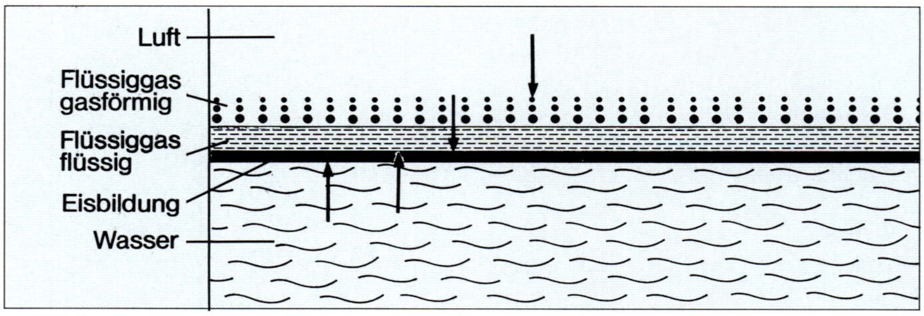

Bild 2.8

Im Gegensatz zu brennbaren Flüssigkeiten verdampft es sofort, wenn es frei und drucklos wird. Weil Flüssiggas frei von umweltbelastenden Stoffen und ungiftig ist, kann es Luft und Wasser nicht gefährden. Deshalb darf es in Wasserschutzgebieten gelagert und verwendet werden.

Voraussetzung für die Verbrennung von Gasen ist die Mischung mit Luft (Sauerstoff). In einem bestimmten Mischungsverhältnis, das bei den verschiedenen Gasen unterschiedlich ist, kann sich ein zündfähiges Gemisch bilden. Flüssiggas hat von allen Gasen mit ca. 2 – 9,5 % Gasanteil in der Luft hier den engsten Bereich (zum Vergleich Erdgas: 6 – 16 %).

Flüssiggasbehälter sind in sich geschlossene Drucksysteme. Es kann sich somit durch das Fehlen von Luft kein zündfähiges Gas-/Luftgemisch bilden. Die Ausströmungsgeschwindigkeit des Flüssiggases ist immer größer als die Zündgeschwindigkeit. Dadurch kann es zu keiner Rückzündung und somit zu keiner Explosion in einem Behälter kommen.

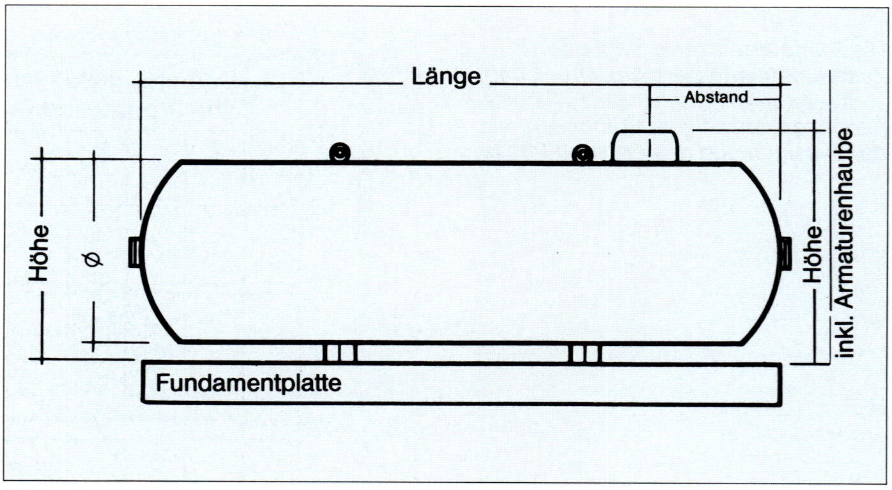

Bild 2.9

Darüber hinaus sind alle modernen Gasgeräte so gesichert, daß Gas nicht ungewollt und unverbrannt ausströmen kann. Die Sicherheit der Verbraucher ist also in vollem Umfang gewährleistet.

Hinweis:

Jede Energie birgt gewisse Gefahren in sich, wenn mit ihr falsch oder leichtfertig umgegangen wird. Dies zu verhindern ist Sinn der Vorschriften, die für jede Energieart bestehen und die sich einerseits an den Anlagenbauer und andererseits an den Verbraucher wenden.

Was bedeutet der Begriff Heizwert (H_u)?

Heizwert (H_u) nennt man den Teil der Wärme, der bei der Verbrennung ohne die im Wasserdampf enthaltene Wärmemenge frei wird. Die ermittelten Werte basieren auf dem Normzustand (0°C, 1013, 25 mbar)

Vergleich der Heizwerte (H_u) verschiedener Energieträger

Energieträger		Heizwert H_u	Propan	Butan	Erdgas L	Erdgas H	Heizöl EL	Heizöl S	Steinkohle	Strom
	Einheiten	kWh	kg	kg	Nm^3	Nm^3	l	kg	SKE	kWh
Propan	kg	12,874	1	1,01	1,46	1,24	1,29	1,14	1,58	12,88
Butan	kg	12,69	0,99	1	1,44	1,22	1,27	1,12	1,56	12,70
Erdgas L	Nm^3	8,798	0,68	0,69	1	0,85	0,88	0,78	1,08	8,80
Erdgas H	Nm^3	10,362	0,81	0,82	1,18	1	1,04	0,91	1,27	10,36
Heizöl EL	l	10,00	0,78	0,79	1,14	0,97	1	0,88	1,23	10,00
Heizöl S	kg	11,34	0,88	0,89	1,29	1,09	1,13	1	1,39	11,34
Steinkohle	kg	8,141	0,63	0,64	0,93	0,79	0,81	0,72	1	8,14
Strom	kWh	1	0,08	0,08	0,11	0,10	0,10	0,09	0,12	1

Tabelle 2.3

Was bedeutet der Begriff Brennwert (H_o)?

Der Brennwert (H_o) eines Gases bezieht sich auf die gesamte Wärme, die bei vollständiger Verbrennung eines Kubikmeters Gas frei wird. Der ermittelte Wert basiert auf dem Normzustand (0°C, 1013, 25 mbar)

Vergleich der Brennwerte (H_o) verschiedener Energieträger

Energieträger		Brennwert H_o	Propan	Butan	Erdgas L	Erdgas H	Heizöl EL	Heizöl S	Steinkohle	Strom
	Einheiten	kWh	kg	kg	Nm^3	Nm^3	l	kg	SKE	kWh
Propan	kg	13,99	1	1,02	1,44	1,22	1,31	1,16	1,58	14,0
Butan	kg	13,74	0,98	1	1,41	1,20	1,29	1,15	1,56	13,74
Erdgas L	Nm^3	9,75	0,70	0,71	1	0,85	0,91	0,81	1,10	9,75
Erdgas H	Nm^3	11,48	0,82	0,83	1,18	1	1,08	0,95	1,30	11,48
Heizöl EL	l	10,68	0,76	0,78	1,10	0,93	1	0,89	1,21	10,68
Heizöl S	kg	12,03	0,86	0,87	1,23	1,05	1,13	1	1,36	12,03
Steinkohle	kg	8,84	0,63	0,64	0,91	0,77	0,83	0,74	1	8,84
Strom	kWh	1	0,071	0,073	0,10	0,087	0,094	0,083	0,113	1

Tabelle 2.4

Versorgungs-anlagen mit ortsfesten Flüssiggas-behältern

3

3

Versorgungsanlagen mit ortsfesten Flüssiggasbehältern

Als ortsfest aufgestellt gelten Behälter, die ständig an einem Standort verbleiben und über Straßentankwagen befüllt werden. Die Gasentnahme erfolgt über eine fest installierte Rohrleitung.

3.1 Bau und Ausrüstung der Behälter

Die Anforderungen dazu sind in den TRF 1988 unter der Ziffer 3.1 festgelegt und müssen von Behälterherstellern eingehalten werden. Nachstehende Behältertypen entsprechen diesen Anforderungen.

Bild 3.1
Abmessungen oberirdischer Lagerbehälter zur Aufstellung im Freien oder in Räumen

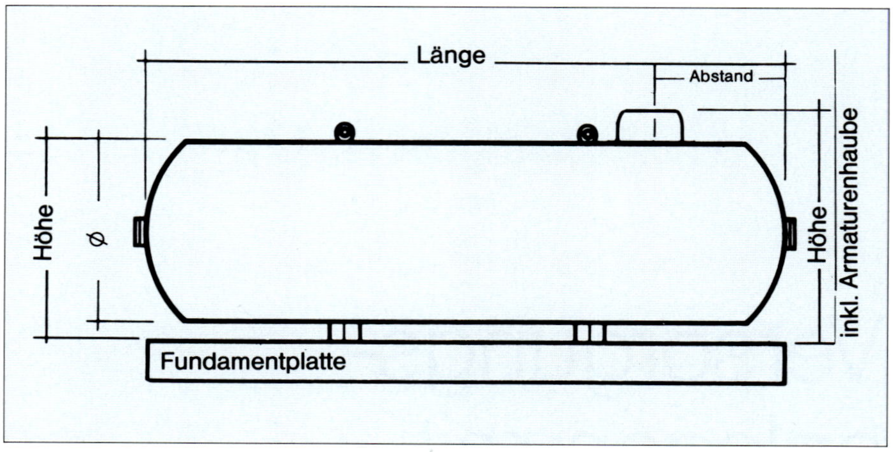

Bild 3.1

Ausführung:

Zylindrischer Stahlbehälter mit angeschweißten Füßen nach **DIN 4680** komplett mit Armaturen, vorschriftsmäßigem, weißem (RAL 9010) reflektierenden Schutzanstrich, Sicherheits-, Befüll- und Kontrollarmaturen, Gasentnahmeventil POL 1/2″ li. NPT, Inhaltsanzeiger. Die Entnahmearmaturen sind durch eine verschließbare Abdeckhaube geschützt. Armaturen sind fertig eingedichtet und auf Dichtheit geprüft. Sie sind werkseitig TÜV geprüft bzw. besitzen eine Baumusterprüfung.

Bild 3.2
Abmessungen für erdgedeckte Lagerbehälter

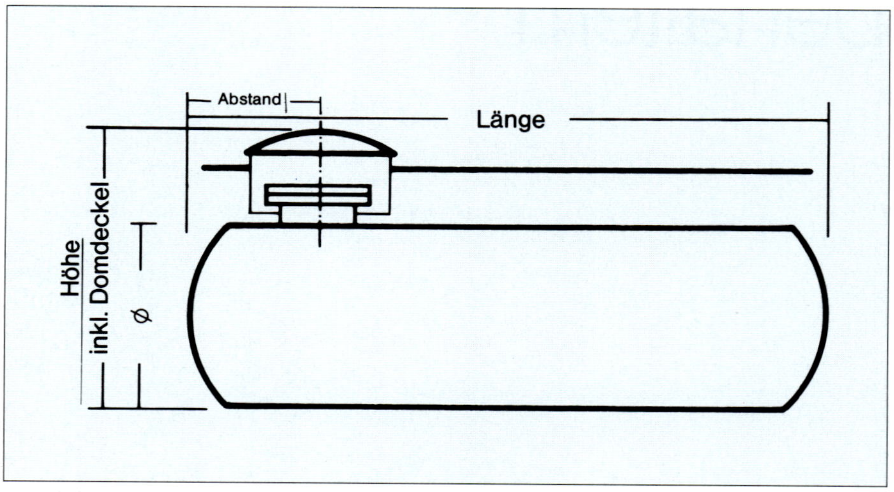

Bild 3.2

Ausführung:

Zylindrischer Stahlbehälter nach **DIN 4681** komplett mit Armaturen, vorschriftsmäßiger Schutzisolierung außen, Sicherheits-, Befüll- und Kontrollarmaturen, Gasentnahmeventil POL 1/2″ li. NPT, Inhaltsanzeiger und Domschacht. Armaturen sind fertig eingedichtet und auf Dichtheit geprüft. Sie sind werkseitig TÜV geprüft bzw. besitzen eine Baumusterprüfung.
Zur Schutzisolierung siehe Hinweis unter 3.2.5 „Erdgedeckte Einlagerung".

3.1 Bau und Ausrüstung der Behälter

Abmessungen und Gewichte für oberirdische und erdgedeckte Behälter

	Nenn-füll-gewicht (Typ)	Raum-inhalt ca. Ltr.	Füll-menge ca. Ltr.	Leer-gewicht ca. kg	Länge ca. mm	Durch-messer ca. mm	Höhe ab Ober-kante Funda-ment ca. mm	Höhe incl. Arma-turen-haube ca. mm	Höhe incl. Dom-deckel ca. mm	Ab-stand ca. mm
ober-irdisch	1,2 t	2.700	2.340	670	2.500	1.250	1.400	1.600		810
	2,1 t	4.850	4.120	1.020	4.300	1.250	1.400	1.600		810
	4,0 t	8.700	7.400	1.900	4.750	1.600	1.750	2.110		1.295
	5,6 t	12.500	10.600	2.500	6.680	1.600	1.750	2.110		1.295
erdgedeckt	1,2 t	2.700	2.340	780	2.500	1.250			1.800	450
	2,1 t	4.850	4.120	1.150	4.300	1.250			1.800	450
	3,0 t	6.900	5.520	1.800	6.100	1.250			1.800	450
	4,0 t	8.700	7.400	1.900	4.750	1.600			2.200	800
	5,6 t	12.500	10.600	2.600	6.680	1.600			2.200	800

Tabelle 3.1

Behältermaße sind Normmaße, geringfügige Abweichungen sind je nach Fabrikat möglich.

Armaturenanordnung

Bild 3.3
Anordnung und Richtung der Armaturen eines oberirdischen Behälters; Maße in mm; Ziffern 1.1 bis 1.5 siehe Armaturen

Bild 3.4
Anordnung und Richtung der Armaturen eines erdgedeckten Behälters; Maße in mm; Ziffern 1.1 bis 1.5 siehe Armaturen

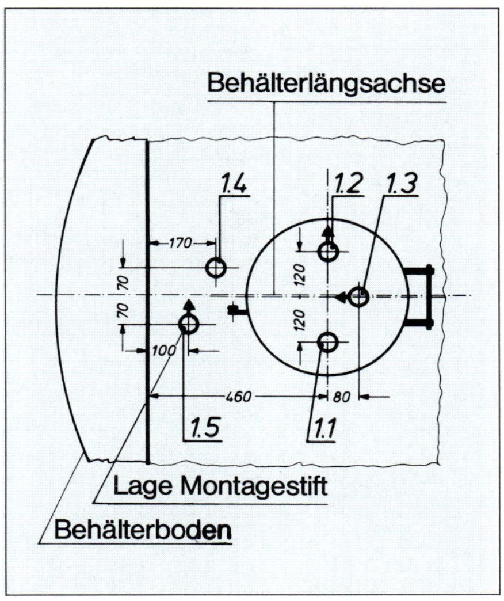

Bild 3.3

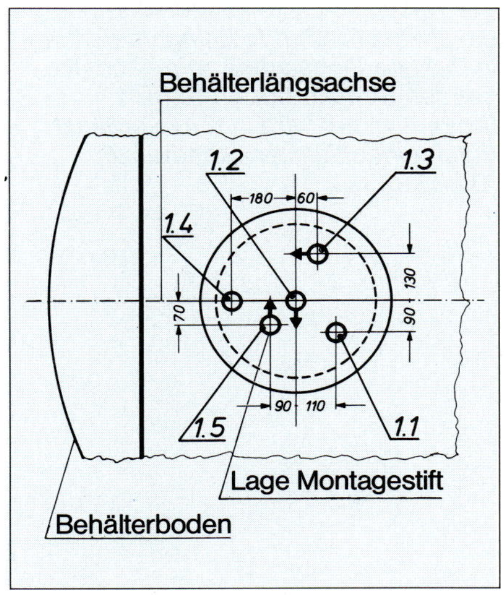

Bild 3.4

Armaturen

Bild 3.5
1.1 ***Füllventil***
Füllventil mit Messing-Verschlußkappe und Halteband
Behälteranschluß 1 1/4″ NPT
Schlauchanschluß 1 3/4″ ACME

Bild 3.6
1.2 ***Flüssig-Entnahmeventil***
Behälteranschluß über Eckventil, mit eingeschraubtem Blindstopfen
Anschluß 3/4″ NPT

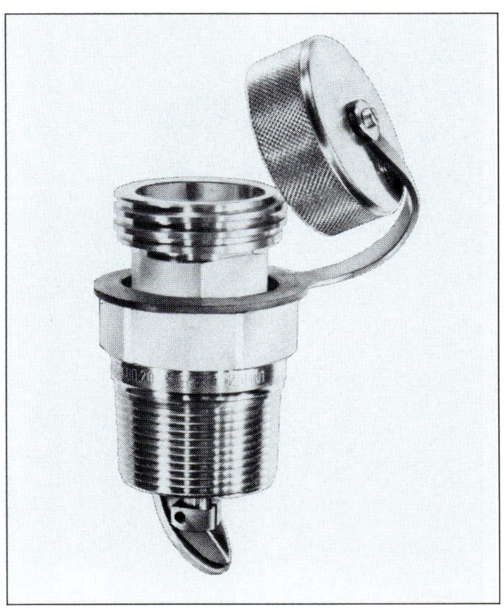

Bild 3.5

Bild 3.6

3 Versorgungsanlagen mit ortsfesten Flüssiggasbehältern

3.1 Bau und Ausrüstung der Behälter

Bild 3.7
*1.3 **Gasentnahmearmatur***
Gasentnahmeventil, Sicherheitsmanometer mit Markierung, Höchststandpeilventil (1,5 mm ⌀ max. freier Querschnitt) und Anschluß für das Prüfmanometer.
Behälteranschluß 3/4" NPT
Ausgangsgewinde POL
Muffenüberstand 30 ± 5 mm
Der Anschluß ist so ausgerichtet, daß die anzuschließende Entnahmeleitung in Behälterlängsachse zum nächstliegenden Behälterboden zeigt.
Diese Armatur wird in Kürze ergänzt durch einen Füllstandsbegrenzer (Bild 3.8).

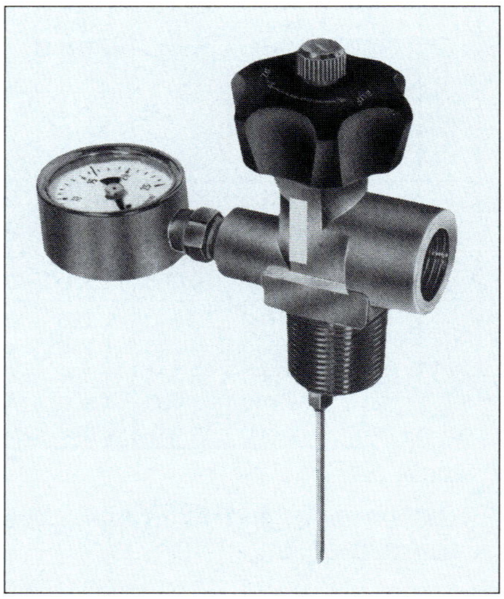

Bild 3.7

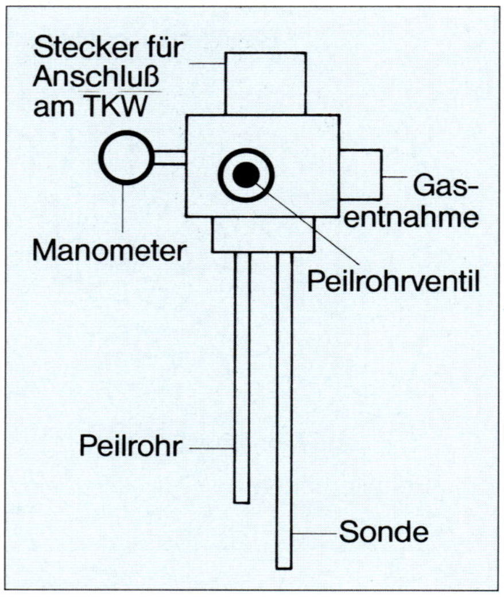

Bild 3.8

Bild 3.9
*1.4 **Sicherheitsventil***
Sicherheitsventil mit Schutzkappe
Behälteranschluß 1" NPT

Bild 3.9

1.5 ***Inhaltsanzeiger mit Schwimmer***
Der Inhaltsanzeiger mit Schwimmer und auswechselbarer Anzeigekapsel ist zwischen der Armaturenhaube und dem nächstliegenden Behälterboden angeordnet. Im Anschlußflansch ist ein Montagestift.

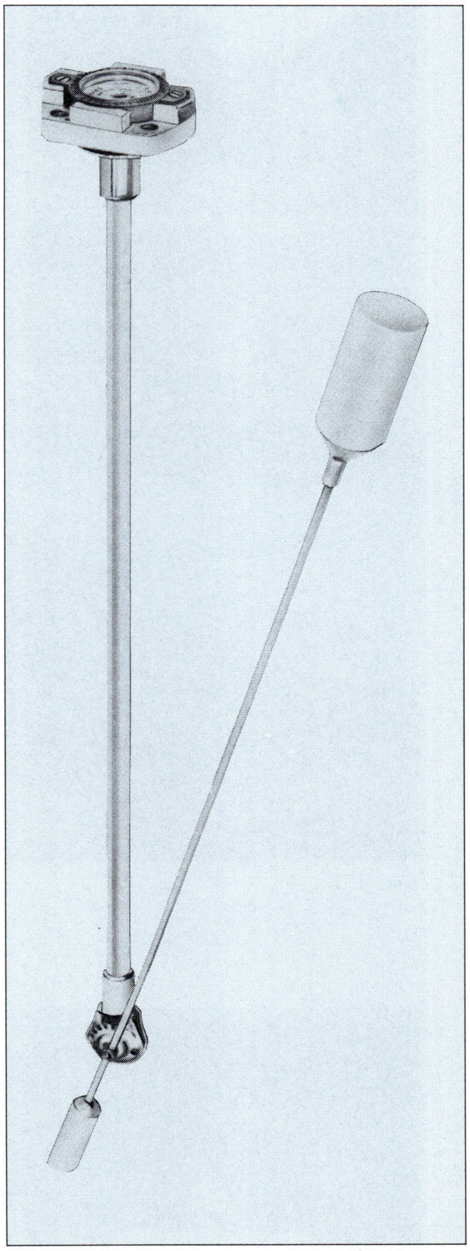

Bild 3.10

3.2 Aufstellung von Behältern

Die erdgedeckte Einlagerung ist problemlos, benötigt den geringsten Platzbedarf, bietet den besten Schutz gegen äußere Einwirkungen und fügt sich harmonisch in die Gartengestaltung ein.

Bevorzugt wird deshalb diese Art der Einlagerung auf privaten Grundstücken.

Bild 3.11

Bei ausreichendem Platzangebot kann ein Flüssiggasbehälter kostengünstig mit geringem baulichen Aufwand oberirdisch aufgestellt werden.

Als Sichtschutz erfolgt in der Regel in ausreichender Entfernung eine Bepflanzung mit Sträuchern, die u. a. dann auch gleichzeitig den Schutzbereich abgrenzen können.

Bild 3.12

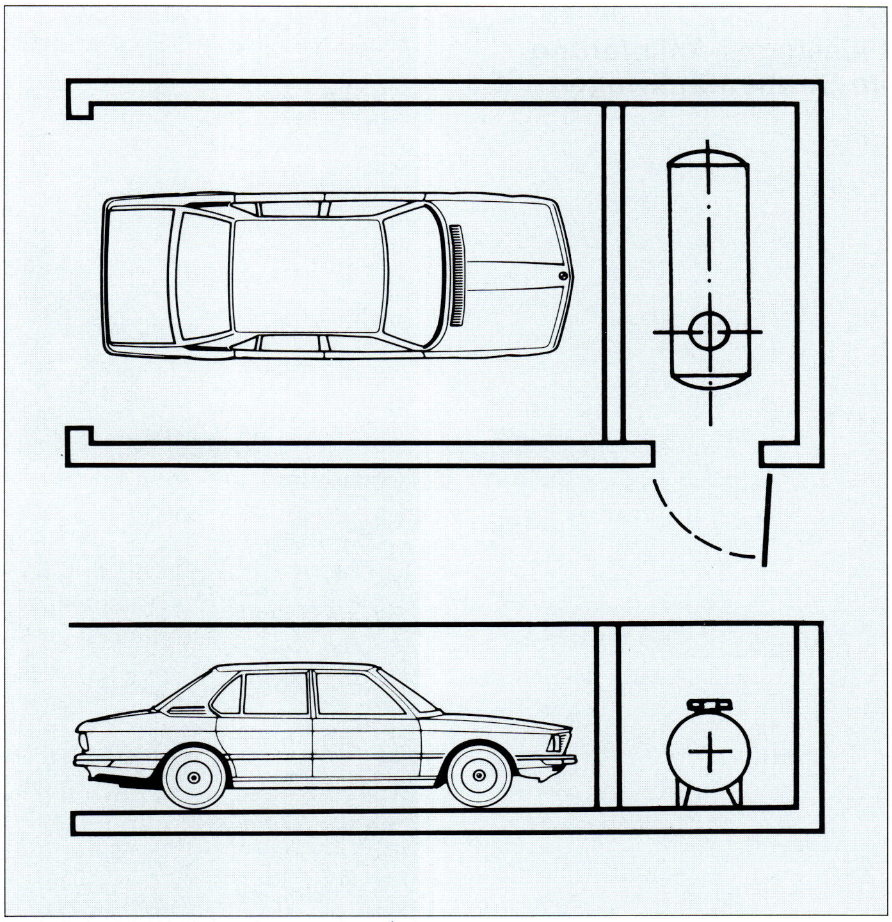

Bild 3.13

Eine platzsparende Variante ist die Aufstellung von oberirdischen Behältern in Gebäuden. Diese dürfen nur von außen zugänglich und müssen von anderen Räumen feuerbeständig und öffnungslos abgetrennt sein. Außerdem dürfen sich darüber und darunter keine Räume für den Aufenthalt von Menschen befinden.

Abblaseleitungen von Sicherheitsventilen und Druckreglern sind in PN 10 getrennt für einen gefahrlosen Austritt von Gas ins Freie zu verlegen.

Die geschützte Lagerung verhindert den Zugriff durch Unbefugte.

Es ist kein Schutzbereich außerhalb des Aufstellraumes notwendig.

3.2.1 Flüssiggas-Anlieferung im Straßentankwagen

Diese erfolgt in ähnlicher Weise wie bei Heizöl über geeichte Zähler. Die Menge wird ebenfalls in Litern gemessen.

Bild 3.14

Bei der Planung des Behälterstandortes ist zu berücksichtigen:

- Die ungehinderte Zu- und Abfahrt mit Fahrzeugen ab 16 t Gesamtgewicht.
- Die Länge des vom Straßentankwagen mitgeführten Abgabeschlauchs. In der Regel beträgt diese 25 m.
- Reicht die Schlauchlänge nicht aus, ist eine Fülleitung vorzusehen.
- Die Betankung von öffentlichen Straßen und Plätzen aus ist zulässig, soweit der Durchgangsverkehr dadurch nicht wesentlich behindert wird. Die Dauer der Betankung beträgt durchschnittlich 20 – 30 Minuten.
- Während der Zeit der Flüssiggasabgabe nach dem Vollschlauchsystem ist ein Schutzbereich von 5 m um die Abgabestelle am Straßentankwagen einzuhalten.

3.2.2 Jahresenergiebedarf

Die Bestimmung der Flüssiggas-Behältergröße für eine ausreichende Bevorratung von ca. 3–4 Wintermonaten ergibt sich aus dem überschlägig ermittelten Jahresenergiebedarf.

Die Lieferung und Berechnung von Flüssiggas erfolgt in Litern.

Für die Umrechnung von Litern in Kilogramm gilt die Formel: Jahresenergiebedarf in ....l x 0,5263 kg/l = ... kg

Beispiel:

7.600 l x 0,5263 kg/l = 4.000 kg

	Jahresenergiebedarf		Behältergröße	
bis	ca. Ltr.	ca. kg	Ltr.	kg
bis	4.560	2.400	2.700	1.200
bis	7.600	4.000	4.850	2.100
bis	11.020	5.800	6.900	2.900
bis	15.200	8.000	9.000	4.000
bis	19.000	10.000	12.000	5.000
bis	22.800	12.000	13.000	5.600
bis	28.500	15.000	17.000	7.500

Tabelle 3.2

Mit dem nach DIN 4701 für eine Haus-Heizanlage errechneten Wärmebedarf kann der voraussichtliche Jahresenergiebedarf unter Berücksichtigung der verschiedenen Betriebsbedingungen aus dem nachstehenden Diagramm abgelesen werden.

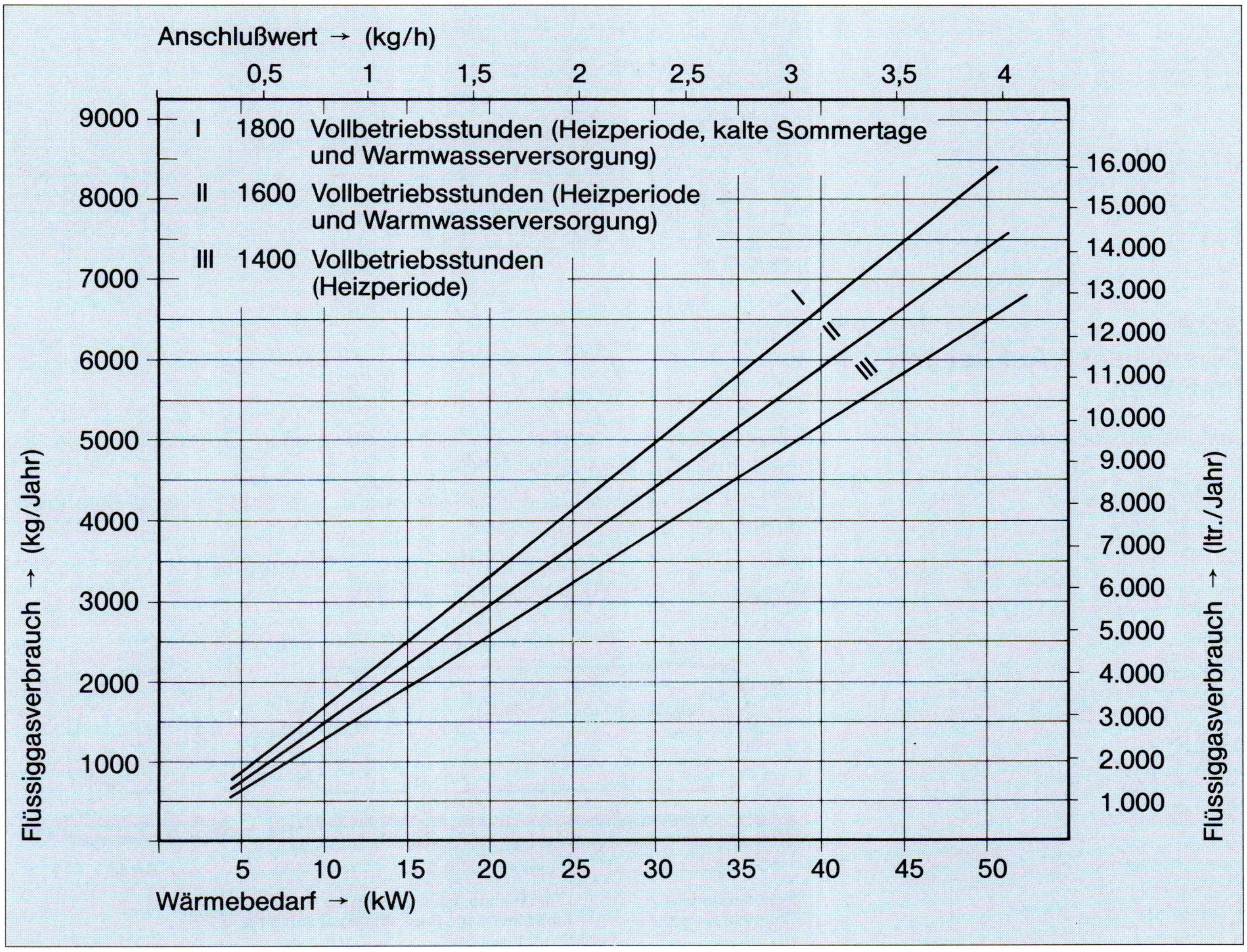

Bild 3.15

3.2.3 Behältergröße und Entnahmemenge (aus der Gasphase)

Für die ausreichende Gasversorgung aus Flüssiggasbehältern sind die Anschlußwerte, d. h. der Gasverbrauch pro Stunde sämtlicher Gasgeräte und deren unterschiedliche Betriebsweise zu berücksichtigen und danach die Behälterauswahl zu treffen.

Oberirdische Behälter

Für Jahresverbrauch kg	Fassungsvermögen kg	Kurzzeitige Entnahme kg/h Sommer/Winter		Periodische Entnahme kg/h Sommer/Winter		Dauer-Entnahme kg/h Sommer/Winter	
1.600	800	22,5	4,5	13	2,5	10,0	2,0
2.400	1.200	35,0	7,0	14	3,0	11,0	2,2
4.000	2.000	65,0	13,0	25	5,0	18,0	3,5
8.000	4.000	107,5	21,5	45	9,0	30,0	6,0
10.000	5.000	155,0	31,0	67	13,5	36,0	7,0
12.000	5.600	170,0	34,0	72	14,5	38,0	7,5

Tabelle 3.3

Erdgedeckte Behälter

Für Jahresverbrauch kg	Fassungsvermögen kg	Kurzzeitige Entnahme kg/h	Periodische Entnahme kg/h	Dauer-Entnahme kg/h
1.600	800	15,0	6,0	6,0
2.400	1.200	42,5	8,0	6,5
4.000	2.000	75,0	15,0	11,5
5.800	2.900	100,0	20,0	15,5
8.000	4.000	125,0	26,00	18,0
12.000	5.600	215,0	43,0	23,0

Tabelle 3.4

3.2.4 Oberirdische Aufstellung im Freien

Aufstellungshinweise

Flüssiggasbehälter können bei genügend großen Grundstücken in der Regel problemlos aufgestellt werden.

Der bauliche Aufwand hierfür ist sehr gering, weil eine einfache Betonplatte zur Behälteraufstellung genügt.

Auf vorsorgenden Brandschutz bei freier Aufstellung ist nach den Bestimmungen der Landesbauordnung zu achten.

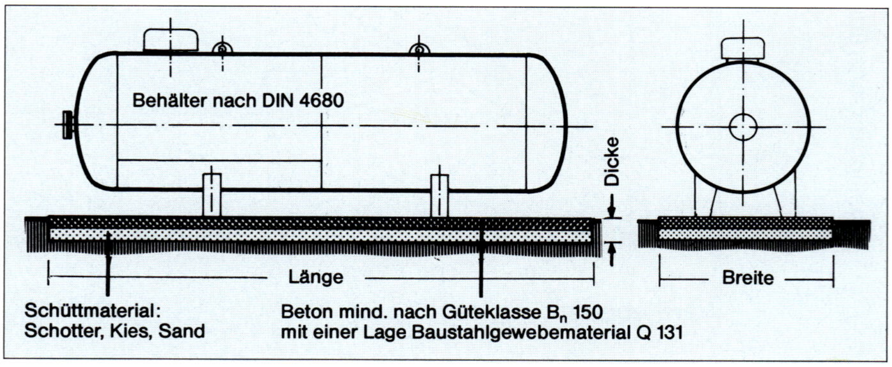

Bild 3.16

Maßtabelle für bauseits zu erstellende Fundamentplatte

Typ	Größe Fundament ca. mm			Fundament Belastung max. kg
	Länge	Breite	Dicke	
1,2 t	3.000	1.600	200	3.400
2,1 t	4.800	1.600	200	5.900
4,0 t	5.500	2.000	300	10.600
5,6 t	7.500	2.000	300	15.000

Tabelle 3.5

Praktisches Beispiel: Haus mit oberirdischer Behälteranlage

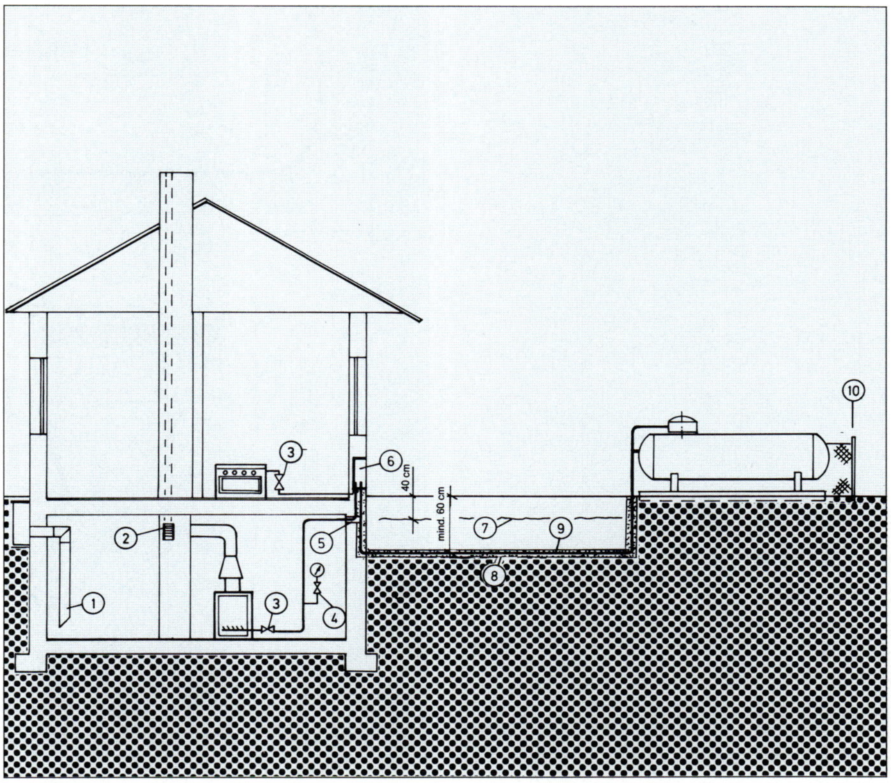

Bild 3.17

1. *Zuluft*
2. *Abluftkamin*
3. *Geräteabsperrventile*
4. *Prüf- und Kontrolleinheit*
5. *Hauseinführung*
6. *Hausanschlußkasten nach außen entlüften*
7. *Gaswarnband*
8. *Sandbett 10 cm allseitig*
9. *Kupferrohr mit Korrosionsschutz*
10. *Einzäunung bzw. Anfahrschutz wenn notwendig*

3.2.5 Erdgedeckte Einlagerung

Zum Schutz der Behälter gegen Außenkorrosion können folgende Ausführungsmöglichkeiten gewählt werden:

- Einwandige Behälter nach DIN 4681 Teil 1 mit Bitumenisolierung und kathodischem Korrosionsschutz.

- Behälter mit Außenmantel mit Bitumenisolierung und Leckanzeige nach DIN 4681 Teil 2.

- Einwandige Behälter mit Epoxidharzbeschichtung nach DIN 4681 Teil 3.

Als Korrosionsschutz mit besonderer Wirksamkeit hat sich bei Behältergrößen bis 5 000 l Rauminhalt die Epoxidharzbeschichtung durchgesetzt.

In der Regel werden Behälter über 5 000 l Rauminhalt zusätzlich mit einer kathodischen Korrosionsschutzanlage (KKS-Anlage) gegen äußere Korrosion geschützt. In diesem Fall müssen erdgedeckte Rohrleitungen – z.B. Füll- und Gasversorgungsleitungen – in den kathodischen Korrosionsschutz mit einbezogen werden.

3.2.5 Erdgedeckte Einlagerung

Für den Einbau einer KKS-Anlage sind die besonderen Einbauhinweise der Behälterlieferanten einzuhalten.

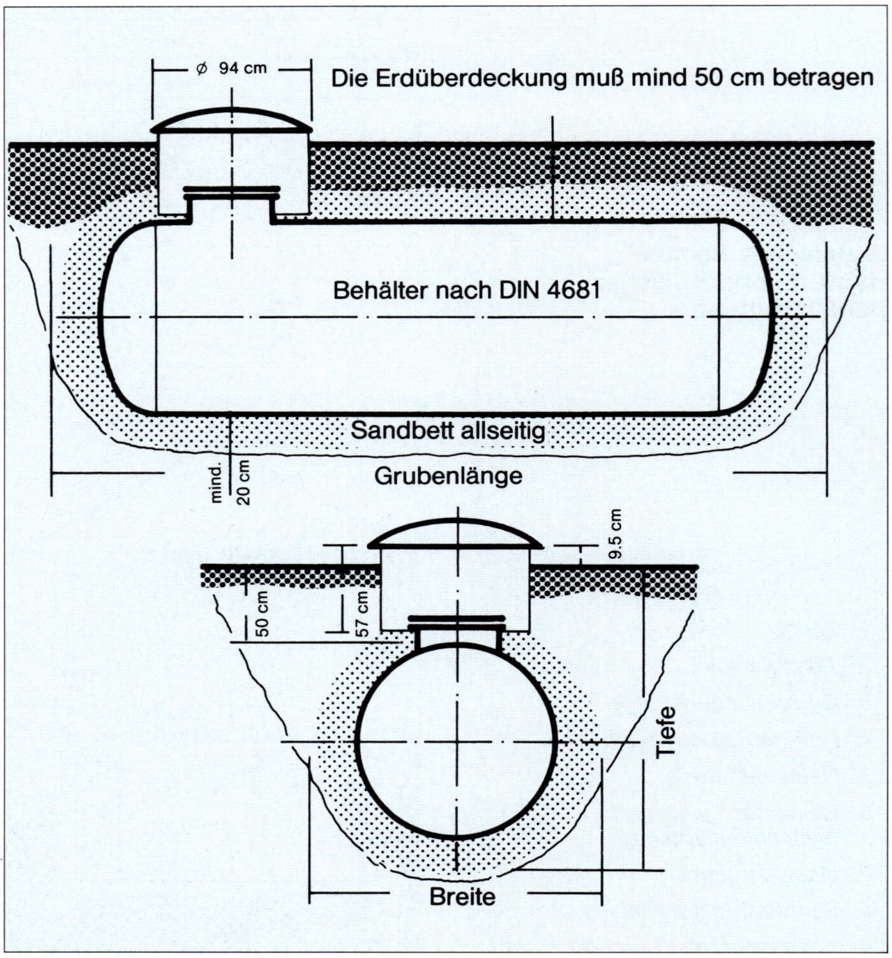

Bild 3.18

Maßtabelle für bauseits vorzubereitende Behältergruben

Typ	Grubenmaße Länge m	Breite m	Tiefe m	Sand-Füllmenge m^3
1,2 t	3,10	1,85	1,95	5
2,1 t	4,90	1,85	1,95	6,5
3,0 t	6,80	1,85	1,95	13
4,0 t	5,50	2,40	2,30	17
5,6 t	7,60	2,40	2,30	23

Tabelle 3.6

Einlagerungshinweise:

Bauunternehmer oder Bauherr:

1. Die Baugrube ist rechtzeitig vor dem Anlieferungstermin des Behälters entsprechend Bild 3.18 und der Maßtabelle für die jeweilige Behältergröße herzustellen.

2. **Achtung:** Bei der Baugrubentiefe ist unbedingt das später endgültig geplante Erdreichniveau zu beachten.

3. Der Boden der Grubensohle ist vor Einlegen des Behälters zu verdichten.

4. Bis zum Liefertermin des Behälters muß das Sandbett auf der Sohle mit einer Stärke von mind. 20 cm eingebracht sein.

5. Der Behälter ist so einzulagern, daß die Erddeckung mind. 50 cm beträgt, und zwar mit einem Gefälle von 1 – 3 % zum Domschacht hin. Der Behälter muß allseitig von einer mind. 20 cm dicken steinfreien Sandschicht umgeben sein, die in Lagen von 20 – 30 cm aufzufüllen und einzuschwemmen ist. Der Sand muß steinfrei sein! Die Korngröße darf 3 mm nicht übersteigen!

6. Die vorschriftsmäßige Einlagerung ist zu bescheinigen.

7. Der Behälter muß mindestens 0,8 m von unterirdischen Kabeln, fremden Leitungen und Gebäudefundamenten entfernt sein.

8. Bei Grundwasser am Einlagerungsort ist der Behälter mit mind. 1,3-facher Sicherheit gegen Auftrieb zu sichern. Siehe Beispiel „Tankverankerung".. Bild 3.20.

9. Auftriebskräfte und Absicherung sind vom Statiker auszulegen.

10. Der Lkw mit aufgesetztem Kran muß unmittelbar an die Baugrube heranfahren können.

Behälterlieferant:

11. Unmittelbar vor der Einlagerung muß an Ort und Stelle die Isolierung mittels Hochspannung auf einwandfreien Zustand geprüft werden (bei Bitumensiolierung 20 000 V, bei Epoxidharzisolierung 10 000 V). Schäden sind sorgfältig auszubessern; die ausgebesserten Stellen müssen anschließend wieder mittels Hochspannung geprüft werden.

12. Bei epoxidharzbeschichteten Behältern nach DIN 4681, Teil 3 ist bei einer Ausbesserung die Aushärtezeit zu beachten.

13. Der Behälter muß stoßfrei in die Grube gelegt werden. Schleifen oder Rollen ist unzulässig.
Epoxidharzbeschichtete Behälter sind mit Bändern einzulagern. Bei Einlagerung der Behälter unter Verwendung von Kranösen sind diese auf Beschädigung zu prüfen und ggf. nachzuisolieren.

14. Der „Sachkundige" hat die Durchführung des ISO-Tests und den einwandfreien Zustand des Behälters zu protokollieren. Die Bescheinigungen werden den Behälterpapieren beigeheftet.

15. Bei Einbau von KKS-Anlagen ist die KKS-Einbauanweisung zu beachten!

3.2.5 Erdgedeckte Einlagerung

Gasinstallateur:

16. Abgehende Rohrleitungen sind gekröpft unter dem Domschacht herzuführen bzw. bei aufgeschweißtem Domschacht sind wasserdichte Wanddurchführungen einzusetzen.
17. Fülleitungen und Entnahmeleitungen sind im Domschacht so zu verlegen, daß sie die Abnahme des Mannlochdeckels nicht behindern.
18. Falls vorhanden, sind zusammen mit der Verlegung der Gasleitung im Rohrgraben die Elektrokabel der KKS-Anlage vom Domschacht bis zur Gebäudeinnenwand zu ziehen.

Praktisches Beispiel: Haus mit erdgedecktem Behälter

1. *Zuluft*
2. *Abluftkamin*
3. *Geräteabsperrventile*
4. *Prüf- und Kontrolleinheit*
5. *Hauseinführung*
6. *Regler-Armaturengruppe mit Hauptabsperreinrichtung*
7. *Gaswarnband*
8. *Sandbett 10 cm allseitig*
9. *Kupferrohr mit Korrosionsschutz*
10. *Einzäunung bzw. Anfahrschutz wenn notwendig*

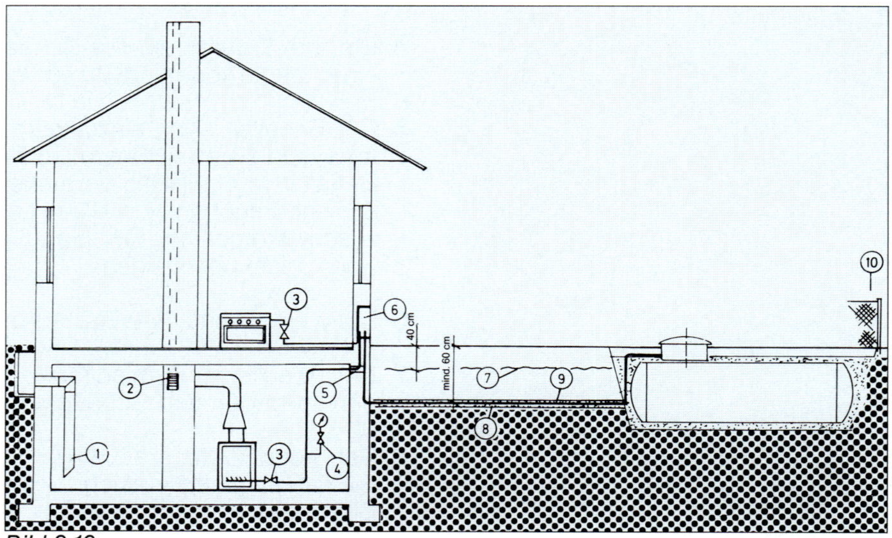

Bild 3.19

Beispiel „Tankverankerung" zur Sicherung des Flüssiggasbehälters gegen Auftrieb mit Stahlblechband verzinkt 60 x 6000 mm Länge mit Unterlage z. B. Neopren zum Schutz der Behälterisolierung

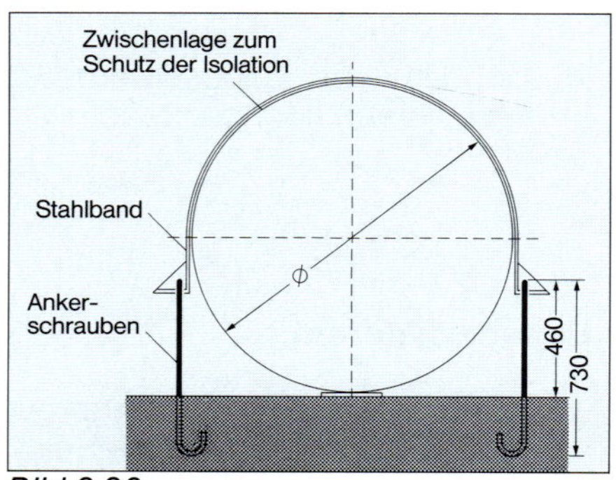

Bild 3.20

Bild 3.21

3.2.6 Aufstellung in Räumen

Oberirdische Behälter zum Aufstellen in Räumen

Aufstellungshinweise

Ausführungshinweise für Behälteraufstellungsräume:

- Räume nur für Behälter – keine weiteren Lagerungen.
- Feuerhemmende Bauweise (F 30) bzw. feuerbeständig (F 90) gegen Nachbarräume.
- Fußboden ebenerdig.
- Türen feuerhemmend nach außen ins Freie öffnend.
- Öffnungslos zu Nachbarräumen.
- Be- und Entlüftung mind. 1/100 der Bodenfläche.
- Keine Einläufe, Gullys etc.
- Ex-geschützte Elektroinstallation.
- Abblaseleitungen von Sicherheitsventilen und Druckregler sind in PN 10 getrennt für einen gefahrlosen Austritt von Gas ins Freie zu verlegen.
- Sicherheitskennzeichnung (Hinweisschild) an der Zugangstüre zum Raum.

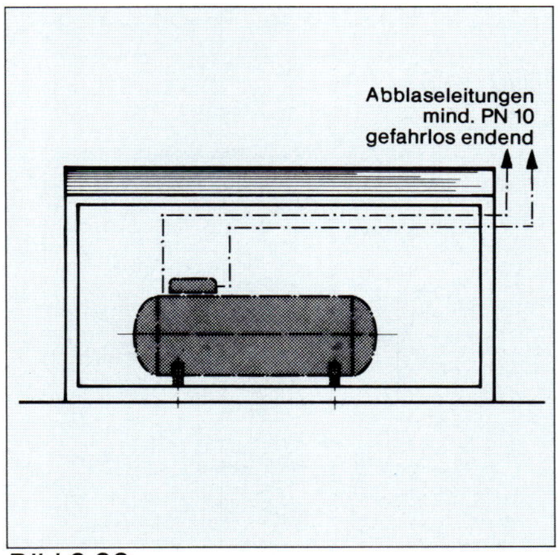

Bild 3.22

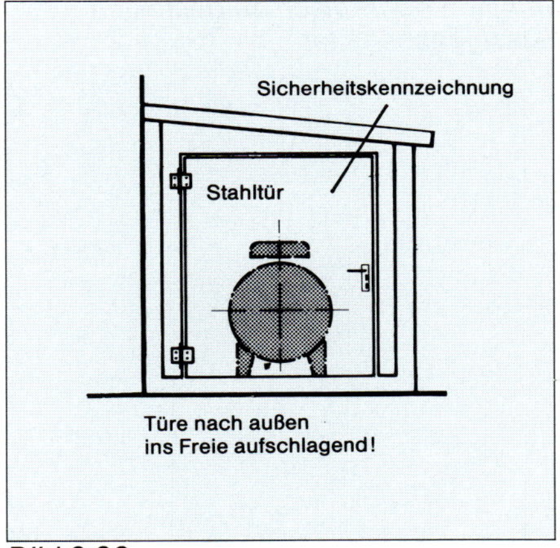

Bild 3.23

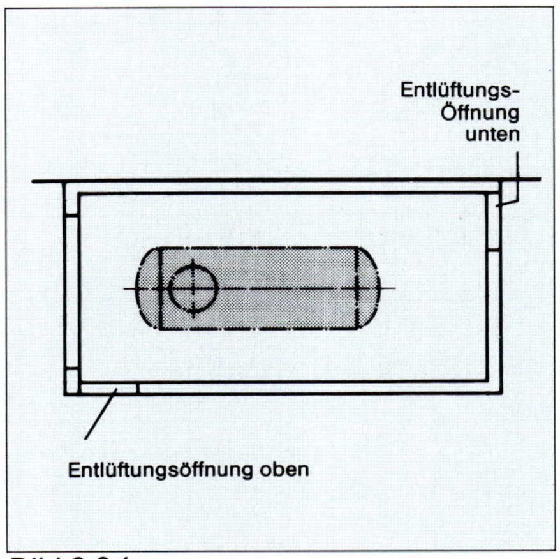

Bild 3.24

Raumgrößen-Mindestmaße (lichte Mindestmaße)			
Behälter Typ	L (m)	B (m)	H (m)
1,2 t	4,0	2,5	2,2
2,1 t	5,6	2,5	2,2
4,0 t	8,0	3,0	2,5
5,6 t	10,0	3,0	2,5
Zwischen Behälterwandung und Gebäudewänden muß ein Mindestabstand von 0,5 m eingehalten werden.			

Tabelle 3.7

3.2.7 Schutzbereiche

Schutzbereiche dienen zum Schutz der Behälter vor Gefahren von außen und zugleich dem Schutz der Umgebung vor Gefahren durch die Behälter. Sie dürfen sich nicht auf Nachbargrundstücke und öffentliche Verkehrsflächen erstrecken.

Für oberirdisch im Freien aufgestellte Flüssiggasbehälter, bei denen sich außerhalb des Schutzbereiches Objekte mit großer Brandlast befinden, ist ein zusätzlicher Sicherheitsabstand zu berücksichtigen.

Für die Einlagerung bzw. Aufstellung von Flüssiggasbehältern im privaten Bereich gelten in den Bundesländern entsprechend den Landesbauordnungen unterschiedliche Bestimmungen.

Flüssiggasbehälter, die zur Einlagerung bzw. Aufstellung in Gewerbe- oder Industriebetrieben geplant werden, bedürfen ab 3 t Nennfüllgewicht einer Genehmigung nach dem Bundes-Immissionsschutzgesetz.

Beispiel des Schutzbereiches für einen oberirdisch aufgestellten Flüssiggasbehälter

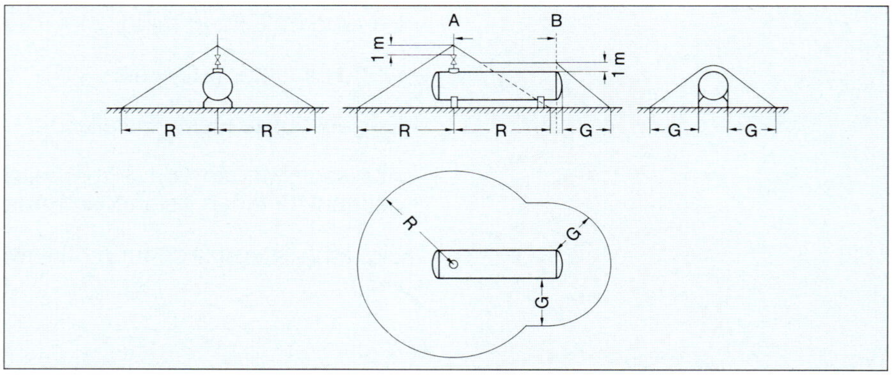

Bild 3.25

Beispiel des Schutzbereiches eines erdgedeckten Flüssiggasbehälter

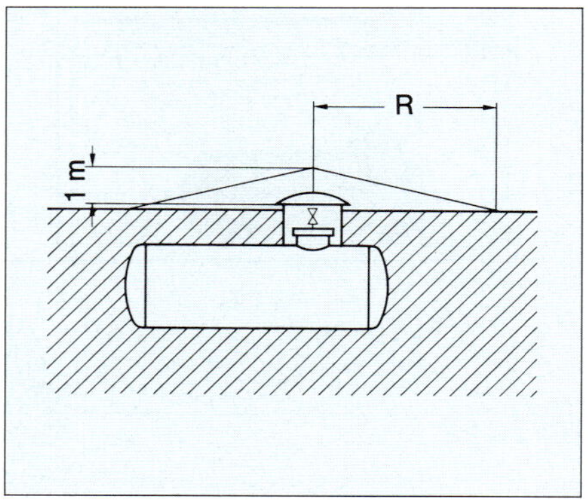

Bild 3.26

Schutzbereich für Flüssiggasbehälter
(Entnahme aus der Gasphase)

Aufstellungsart	unterirdisch		oberirdisch im Freien			oberirdisch in Gebäuden
Rauminhalt des Behälters	bis 10.000 Ltr.	über 10.000 Ltr.	bis 5.000 Ltr.	über 5.000 Ltr.	über 15.000 Ltr.	unbegrenzt
R nach TRF	3,0 m	5,0 m	3,0 m	5,0 m	10,0 m	kein Schutzbereich außerhalb des Aufstellungsraumes
G nach TRF	–	–	1,5 m	2,5 m	5,0 m	

Tabelle 3.8

Die wichtigsten Anforderungen an den Schutzbereich

Im Schutzbereich dürfen sich keine Zündquellen, keine brennbaren Stoffe sowie keine Einrichtungen, die nicht zur Behälteranlage gehören, keine Fenster, Türen, Kelleröffnungen, Luftschächte, Lichtschächte und Gruben befinden.

Elektrische Anlagen in exgeschützter Ausführung und Kanaleinläufe mit Flüssigkeitsverschluß sind zulässig.

Der Schutzbereich ist durch Hinweisschilder zu kennzeichnen:

Flüssiggasanlage Feuer und Rauchen im Umkreis von 3 m vom Behälter verboten Kein Zutritt Unbefugter

Hinweisschild für Behälter bis 5 000 Ltr. Rauminhalt
(Entnahme aus der Gasphase)

Ein Feuerlöscher mit 6 kg Inhalt für die Brandklassen A, B, C ist an geeigneter Stelle anzubringen.

Bei Privathäusern (auch Mehrfamilienhäusern) gilt, daß der Schutzbereich oder der Behälter nicht eingezäunt werden muß, wenn bereits das gesamte Grundstück eingefriedet ist, z. B. Hecke oder Zaun.

Sofern das Grundstück nicht eingefriedet ist, muß der Behälter durch Einzäunung gegen Zutritt Unbefugter geschützt werden.

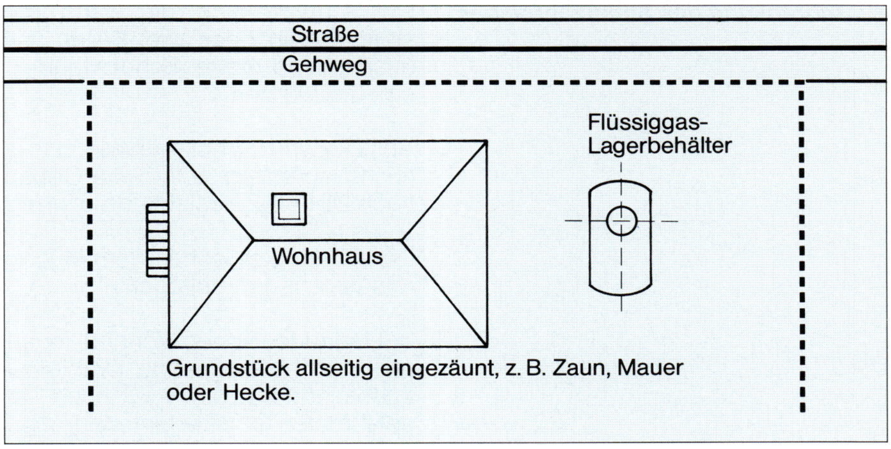

Beispiel für die Aufstellung eines Flüssiggaslagerbehälters auf einem eingefriedeten Grundstück

Bild 3.27

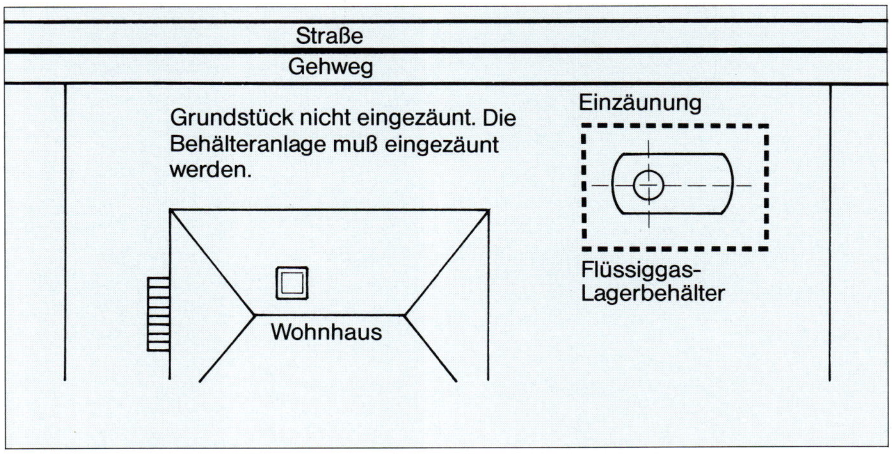

Beispiel für die Aufstellung eines Flüssiggasbehälters auf einem nicht eingefriedeten Grundstück

Bild 3.28

3

Versorgungsanlage mit ortsfesten Flüssiggasbehältern

Ist jedoch nur der Behälter eingezäunt und nicht der Schutzbereich, kann ein zusätzlicher Anfahrschutz erforderlich werden.

Der Schutzbereich kann von unterwiesenen Personen (Betreiber, Bewohner) durchfahren und durchgangen werden, wenn diese sich durch Kontrolle vorher vergewissert haben, daß kein Flüssiggas durch Leckage austritt.

Bei der Festlegung von Behälterstandorten in Plänen können zur Erleichterung Schablonen verwendet werden.

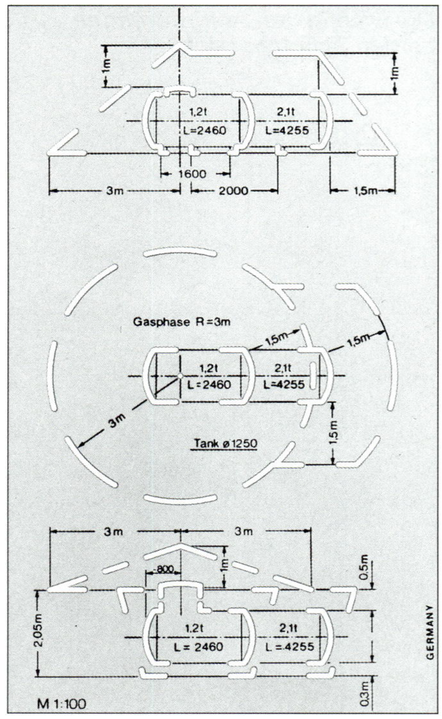

Bild 3.29

Einschränkung des Schutzbereiches

Der Schutzbereich darf, wenn kein ausreichendes Gelände zur Verfügung steht, an ein oder zwei Seiten verringert werden, wenn dafür öffnungslose ausreichend hohe Schutzwände in mindestens feuerhemmender Bauart errichtet werden.

Anstelle von Schutzwänden darf auch eine Gebäudewand den Schutzbereich begrenzen, sofern die Gebäudewand aus nichtbrennbaren Baustoffen nach DIN 4102 besteht und öffnungslos ist.

Der Abstand zwischen dem Flüssiggasbehälter und der Gebäudewand muß mindestens 1 m betragen.

In Gebäudewänden können innerhalb des Schutzbereiches Glasbausteine oder nicht zu öffnende Drahtglasfenster vorhanden sein, wenn diese der Widerstandsklasse G 30 nach DIN 4102 genügen und sich keine brandgefährdeten Objekte hinter der Wand befinden.

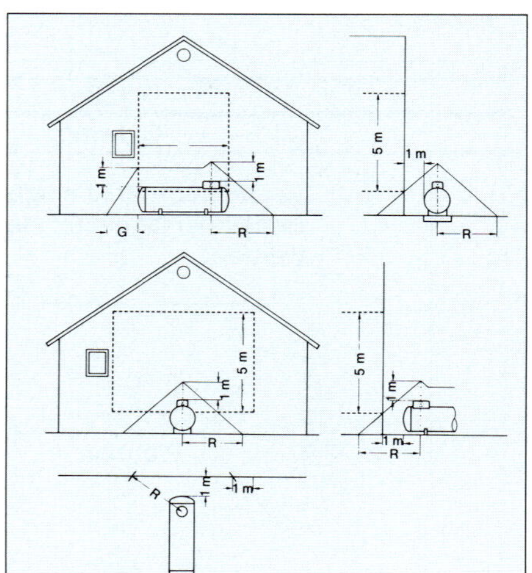

Bild 3.30

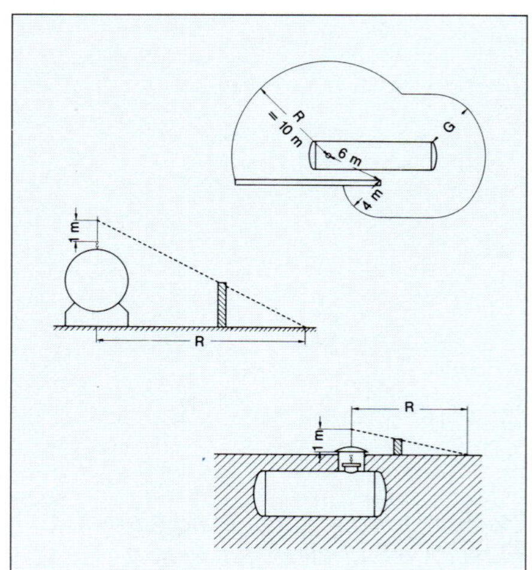

Bild 3.31

Versorgungs-anlagen mit Flüssiggas-flaschen

4

4 Versorgungsanlagen mit Flüssiggasflaschen

In der Bundesrepublik Deutschland sind rund 8 Mill. Flüssiggasflaschen mit Füllgewichten von 5 bis 33 kg im Verkehr.
Flaschen mit 5 und 11 kg Füllgewicht eignen sich besonders für die Versorgung von Gasgeräten mit geringem Verbrauch und sind vielseitig im Haushalts-, Freizeitbereich und Gewerbe im Einsatz.
Vorteilhaft ist, daß die Flaschen auch in Aufenthaltsräumen – ausgenommen Schlafzimmern – aufgestellt werden dürfen.

Flaschenanlagen mit 33-kg-Flaschen sind auch für einen größeren Verbrauch geeignet. Reicht eine 1-Flaschenanlage nicht aus, werden mehrere Flaschen in einer Batterie zusammengeschaltet.
Der Aufbau dieser Versorgungsart sieht immer Reserveflaschen vor, die über eine Hand- oder automatische Umschaltung für eine ununterbrochene Gaszufuhr sorgen. Überwiegend ist die Aufstellung der Flaschen als Außenanlage ausgeführt.

Die Entnahmeleistungen der Flaschen in Abhängigkeit von den Füllgewichten können der nachfolgenden Tabelle entnommen werden.

Entnahmeleistung bei gasförmiger Entnahme

Flaschen	5 kg	11 kg	33 kg
Belastungsmöglichkeit kg/h bei ununterbrochener Gasentnahme	0,2	0,3	0,6
Belastungsmöglichkeit kg/h bei 50 % Unterbrechungen	0,5	0,8	1,8
Belastungsmöglichkeit kg/h bei stoßweiser Entnahme (20 Min.)	1,0	1,5	3,0

Tabelle 4.1

Bei der Auslegung von Versorgungsanlagen mit Flaschen ist der Gesamtanschlußwert – Belastungswert – des stündlichen Gasverbrauchs der Geräte in kg maßgebend. Die Anzahl und Größe der Flaschen ist entsprechend zu wählen.

5-kg-Flaschen und ein Teil von 11-kg-Flaschen sind Tauschflaschen. Sie sind insbesondere für den Freizeitbereich, z. B. Camping, vorgesehen.

33-kg-Flaschen und auch zum größten Teil 11-kg-Flaschen sind Pfandflaschen der Flüssiggas-Versorgungsunternehmen.

4.1 Anforderungen an die Flaschen

Flüssiggasflaschen sind in ihrer Ausführung in **DIN 4661** genormt. Die Flaschen haben eine gute Standfestigkeit, da das Verhältnis Durchmesser zu Höhe günstig gewählt ist. Nähere Angaben über die Flaschen sind der nachfolgenden Zusammenstellung zu entnehmen.

Füllgewicht	Rauminhalt (ca.) Ltr.	Leergewicht (ca.) kg	Außen-∅ (ca.) mm	Gesamthöhe (Länge) mit Ventilschutzkappe ca. mm	Prüfüberdruck bar
 5 kg	12,7	6,0	230	500	30
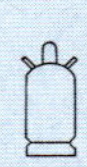 11 kg	27,2	13,0	300	600	30
 33 kg	79,0	35,0	320	1.300	30

Tabelle 4.2

Flüssiggasflaschen sind mit baumustergeprüften Ventilen ausgerüstet, die **DIN 477 Teil 1** entsprechen.

Flaschen mit einem Füllgewicht bis 11 kg haben ein Flaschenventil mit Dichtring im Ventilstutzen. Der Regleranschluß muß ohne Werkzeug von Hand mittels Rändelmutter erfolgen.

Bild 4.1
Kleinflaschenventil mit Haushaltsanschluß

Bild 4.2
Regleranschluß Kleinflasche (5 und 11 kg Nenninhalt)

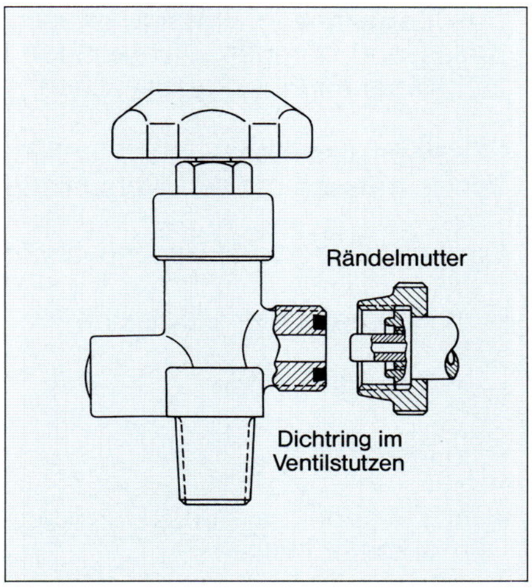

Bild 4.1

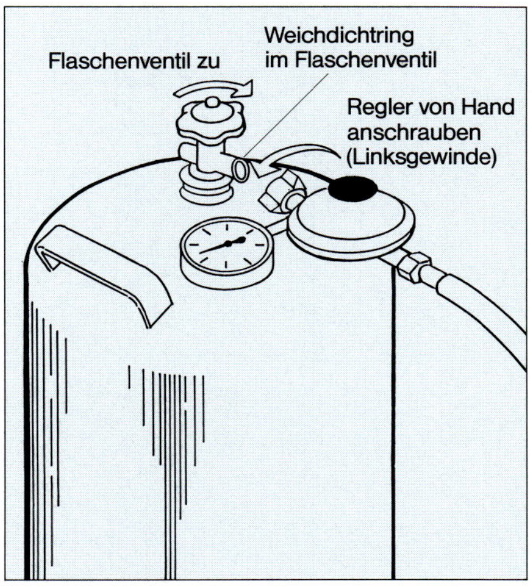

Bild 4.2

Flaschen mit einem Füllgewicht von 33 kg haben ein Flaschenventil ohne Dichtring im Ventilstutzen. Der Dichtring befindet sich in der Überwurfmutter des Reglers. Die Überwurfmutter muß mit einem Schraubenschlüssel angezogen werden.

Bild 4.3
Großflaschenventil mit Industrieanschluß

Bild 4.4
Regleranschluß Großflasche (22 und 33 kg Nenninhalt)

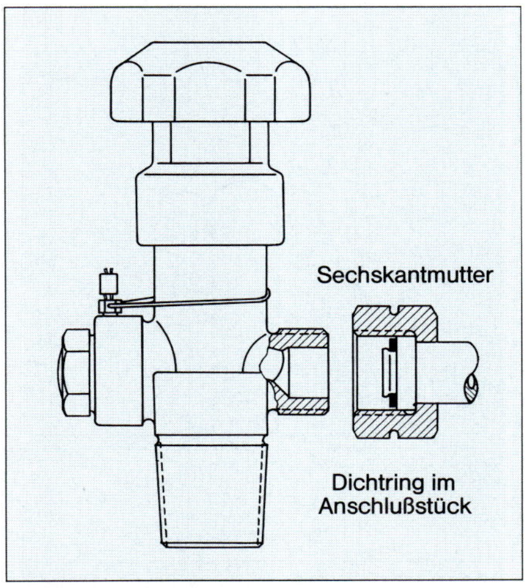

Bild 4.3

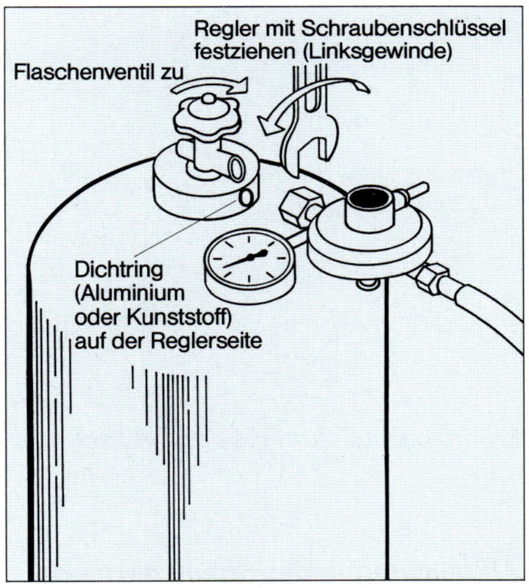

Bild 4.4

4 Versorgungsanlagen mit Flüssiggasflaschen

4.2 Aufstellung von Flüssiggasflaschen

Für das Betreiben von Flüssiggasflaschen – ausgenommen das Füllen – sind vorrangig die „Technischen Regeln Druckgase – TRG 280 'Allgemeine Anforderungen an Druckgasbehälter – Betreiben von Druckgasbehältern'" – zu beachten. Betreiben im Sinne dieser TRG ist insbesondere das Entleeren und Lagern von Flaschen.
Als **Entleeren** gilt, wenn Flüssiggasflaschen mit Entnahmeeinrichtungen verbunden sind und Gas entnommen wird.
Das **Lagern** von Flüssiggasflaschen in Vertriebslägern ist in dieser TRG umfassend geregelt – siehe auch DVFG-Merkblatt „Anforderungen an Vertriebsläger für Flüssiggasflaschen".

Flüssiggasflaschen – auch entleerte – sind stehend aufzubewahren. Die Ventile müssen mit Ventilverschlußmuttern versehen sein.

Die Aufstellung von Flaschen ist **nicht** zulässig

- in Räumen unter Erdgleiche
- in Treppenräumen
- in Fluren
- in Durchgängen und Durchfahrten von Gebäuden sowie in deren unmittelbarer Nähe.

4.2.1 Flüssiggasflaschen mit einem Füllgewicht über 14 kg

Flüssiggasversorgungsanlagen mit Flaschen über 14 kg dürfen im Freien oder in besonderen Aufstellungsräumen eingerichtet werden.

Die Flaschen bedürfen eines Schutzbereiches. Dieser dient dem Schutz der Flaschen vor Gefahren von außen und zugleich dem Schutz der Umgebung vor Gefahren durch die Flaschen.

Schutzbereich für Flüssiggasflaschen

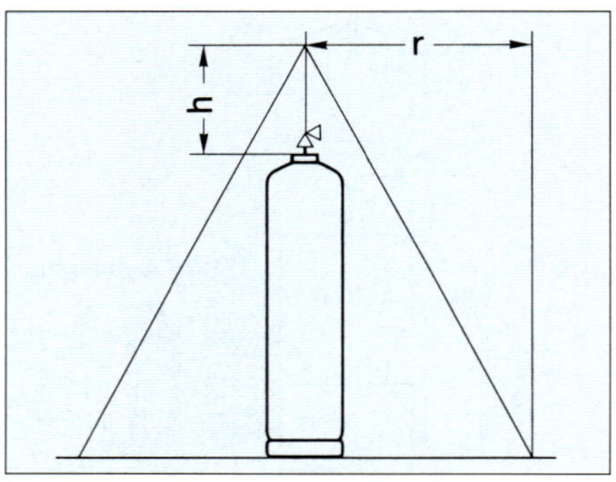

Bild 4.5

Abmessungen der Schutzbereiche für Flaschen

bei Entnahme aus		Höhe über dem Flaschenventil h (m) Radius r (m)	im Freien	in Räumen
der Gasphase	Einzelflasche und Batterie mit 2 bis 6 Flaschen	h	0,5	1
		r	1	2
	Batterie mit mehr als 6 Flaschen	h	0,5	1
		r	2	3

Tabelle 4.3

Aufstellung von Flüssiggasflaschen über 14 kg Füllgewicht im Freien

Im Schutzbereich dürfen

- keine gegen Gaseintritt ungeschützte Kelleröffnungen, Luft-, Lichtschächte und Kanaleinläufe vorhanden sein,

- keine Zündquellen vorhanden sein. Brennbare oder explosionsfähige Stoffe dürfen darin nicht gelagert werden.

Elektrische Anlagen im Schutzbereich müssen gemäß der Explosionsschutz-Richtlinie Zone 2 (EX-RL) ausgeführt sein.

Der Schutzbereich darf sich nicht auf Nachbargrundstücke und öffentliche Verkehrsflächen erstrecken.

Der Schutzbereich darf an höchstens 2 Seiten durch Schutzwände eingeschränkt werden. Hierbei darf an einer Seite auch eine Gebäudemauer, die im Schutzbereich öffnungslos sein muß, verwendet werden.

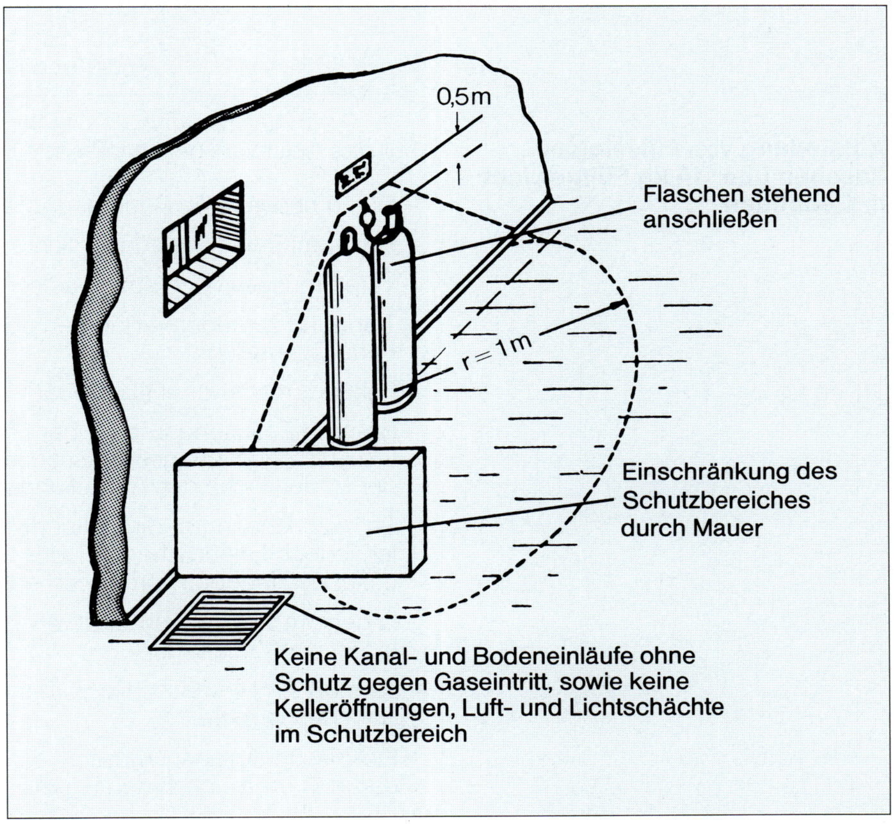

Bild 4.6

Im Freien aufgestellte Flaschen müssen gegen den Zugriff Unbefugter gesichert sein (z.B. durch abschließbare Flaschenschränke oder -hauben aus nichtbrennbaren Werkstoffen).

Flaschenschränke müssen im oberen Teil des Schrankes und unmittelbar über dem Boden je eine Lüftungsöffnung von 1/100 der Bodenfläche haben, mindestens jedoch 100 cm^2.

Ein Schutzbereich um die Lüftungsöffnungen ist nicht erforderlich. Die Flaschenschränke dürfen jedoch nicht unmittelbar neben Schächten, Gebäudeöffnungen usw. stehen. In diesem Fall wird ein Abstand von ca. 1 m empfohlen.

4 Versorgungsanlagen mit Flüssiggasflaschen

4.2.1 Flüssiggasflaschen mit einem Füllgewicht über 14 kg

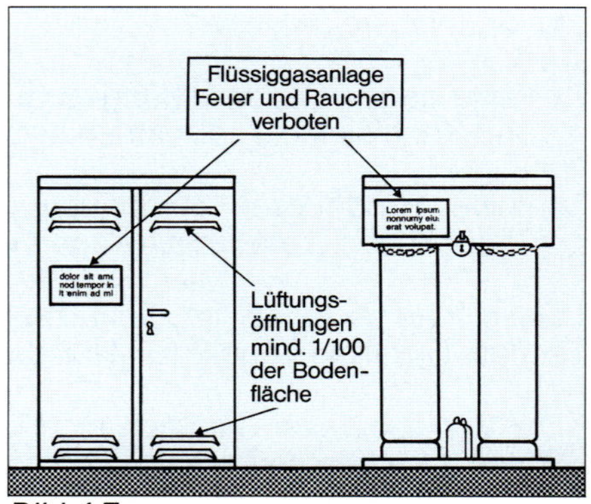

Bild 4.7

Bild 4.8

Auf die Flüssiggasanlage ist durch ein dauerhaftes Schild mit folgendem Wortlaut hinzuweisen:

Flüssiggas-Anlage Feuer und Rauchen verboten!

Aufstellung von Flüssiggasflaschen über 14 kg Füllgewicht in Gebäuden

Für das Aufstellen gelten folgende Bedingungen:

- Nur in besonderen Räumen (Aufstellungsräume).
- Nur vom Freien aus zugänglich.
- Türen müssen nach außen aufschlagen.
- Trennung zu anderen Räumen durch feuerbeständige Wände und Decken ohne Öffnungen.
- Fußböden schwer entflammbar.
- Be- und Entlüftung unmittelbar über dem Fußboden und unter der Decke. Die Lüftungsöffnungen müssen jeweils mindestens eine Fläche von 1/200 der Bodenfläche des Aufstellungsraumes besitzen.
- Schutzbereiche um die Lüftungsöffnungen sind nicht einzuhalten. Es dürfen jedoch keine Schächte oder Gebäudeöffnungen neben und unter den Lüftungsöffnungen vorhanden sein.
- Lagern / Abstellen von anderen brennbaren oder explosionsfähigen Stoffen ist nicht zulässig.
- Es muß ein Hinweisschild vorhanden sein: „Flüssiggas-Anlage, Feuer und Rauchen verboten".
- Elektrische Anlagen müssen ex-geschützt sein. Bis 6 Flaschen Zone 2, darüber Zone 1 nach den Explosionsschutz-Richtlinien (EX-RL).

Feuerbeständige Wände und Decken ohne Öffnungen

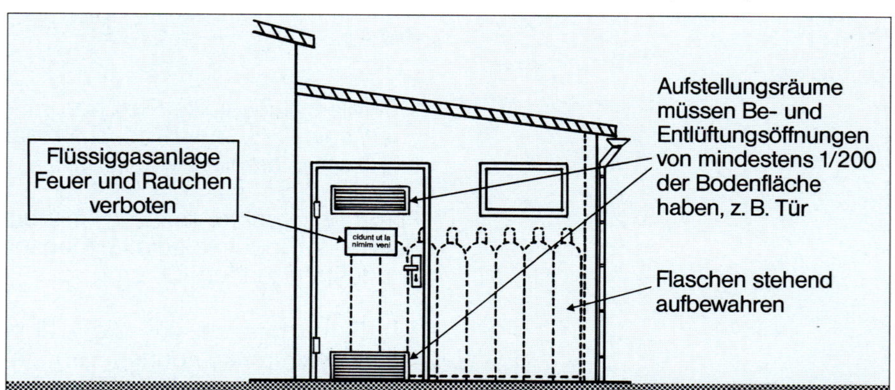

Bild 4.9

4.2.2 Flüssiggasflaschen mit einem Füllgewicht bis 14 kg in Aufenthaltsräumen

- In einer Wohnung dürfen höchstens 2 Flaschen aufgestellt werden. Dies gilt für gefüllte und entleerte Flaschen.
- In einer Wohnung darf in einem Wohnraum jeweils nur **eine** Flasche aufgestellt sein. In Räumen, die ausschließlich zum Schlafen dienen, ist die Aufstellung von Flüssiggasflaschen nicht zulässig.
- Flaschen sind gegen Erwärmung zu schützen.

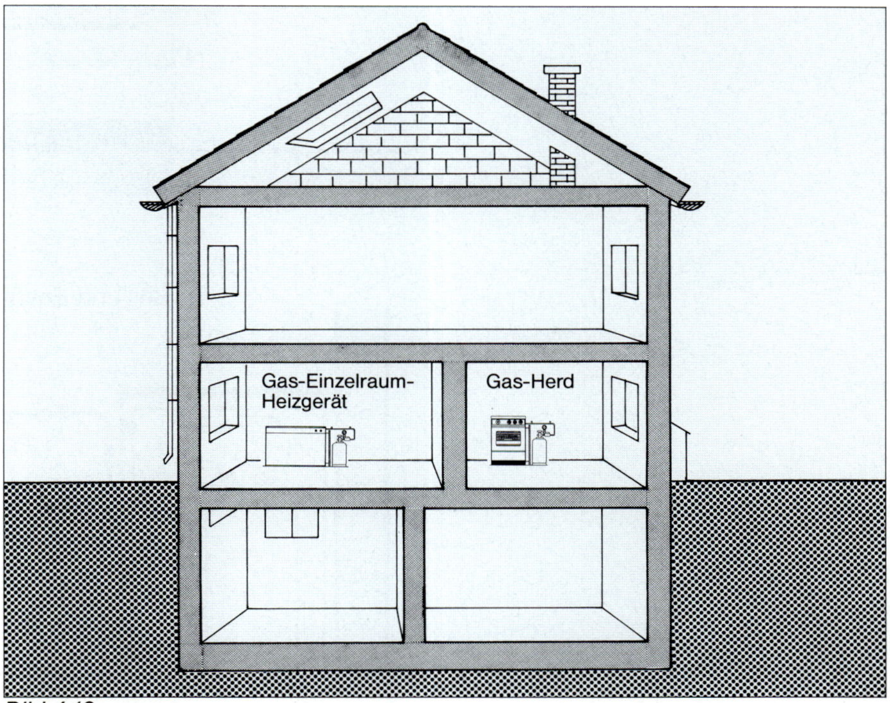

Bild 4.10

Wärmestrahlungs-Quellen	Mindestabstände ohne Strahlungs-schutz in cm	Mindestabstände mit Strahlungs-schutz in cm
von Heizgeräten, Feuerstätten und ähnlichen Wärmequellen	70	30
von Heizkörpern	50	10
von Gasherden und ähnlichen Wärmequellen	30	10

Tabelle 4.4

Bei kombinierten Gas/Kohleherden gilt für den Kohleteil der größere, für den Gasteil der geringere Abstand.

Strahlungsschutz aus nichtbrennbaren Baustoffen fest anbringen

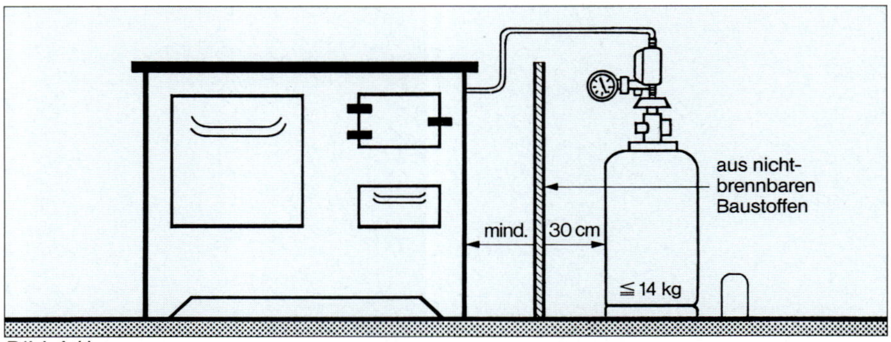

Bild 4.11

4 Versorgungsanlagen mit Flüssiggasflaschen

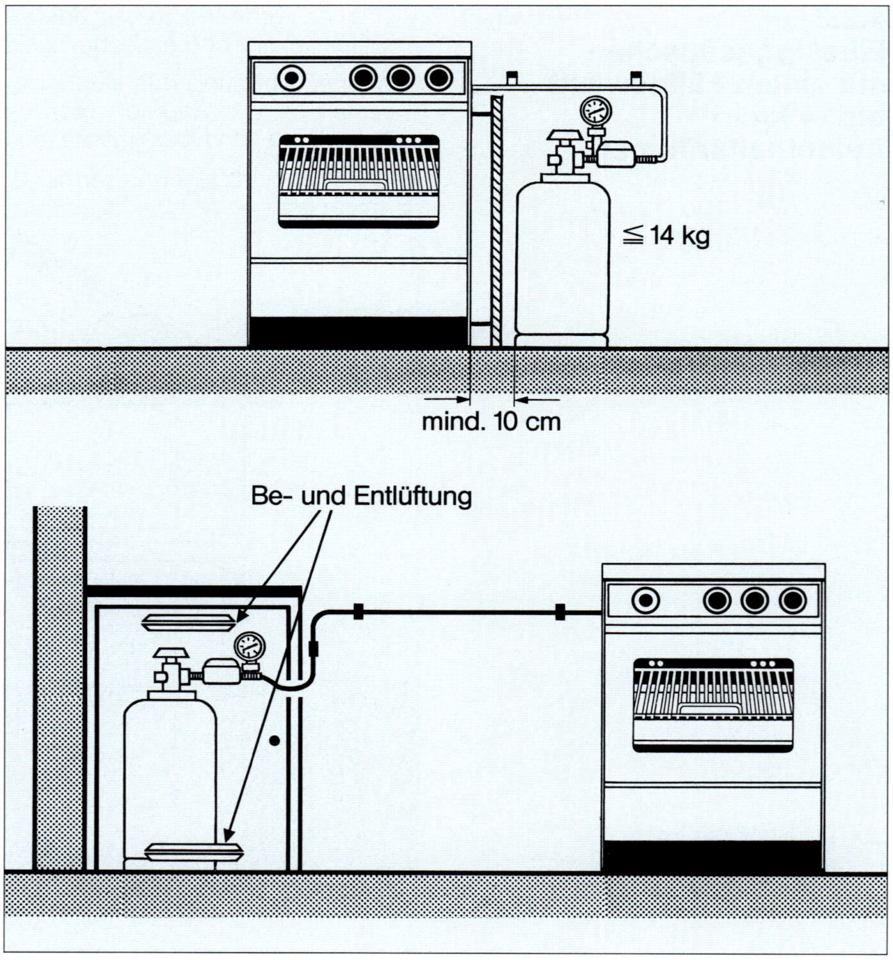

Bild 4.12

Bei der Aufstellung einer Gebrauchs- oder Vorratsflasche in einem Flaschenschrank oder Schrankraum (z. B. Küche) müssen Be- und Entlüftungen von je 1/100 der Bodenfläche des Schrankraumes, mindestens jedoch 100 cm^2 vorhanden sein.

In und unter Gasgeräten dürfen Flaschen nur so aufgestellt werden, daß sie gegen unzulässige Erwärmung geschützt sind.

4.3 Flaschenanschlüsse

4.3.1 Flaschenanschlüsse für Flaschen mit einem Füllgewicht über 14 kg

Es ist zu unterscheiden zwischen

- Einflaschenanlage – Anschluß des Druckregelgerätes am Flaschenventil
- Zweiflaschenanlage – Anschluß über Druckregelgerät und Schlauch zum Umschaltventil
- Mehrflaschenanlage – Anschluß von Hochdruckschläuchen am Flaschenventil zur Hochdrucksammelleitung

Neben den genormten Schläuchen nach DIN 4815 Teil 2 können auch Rohrspiralen aus nahtlos gezogenen Kupfer- und Stahlrohren gewählt werden, wenn eine ausreichende Beweglichkeit für den Anschluß sichergestellt ist.

Großflaschendruckregelgerät nach DIN 4811 Teil 4 mit SAV (Entwurf) HD-Schläuche nach DIN 4815 Teil 2 Druckklasse 30

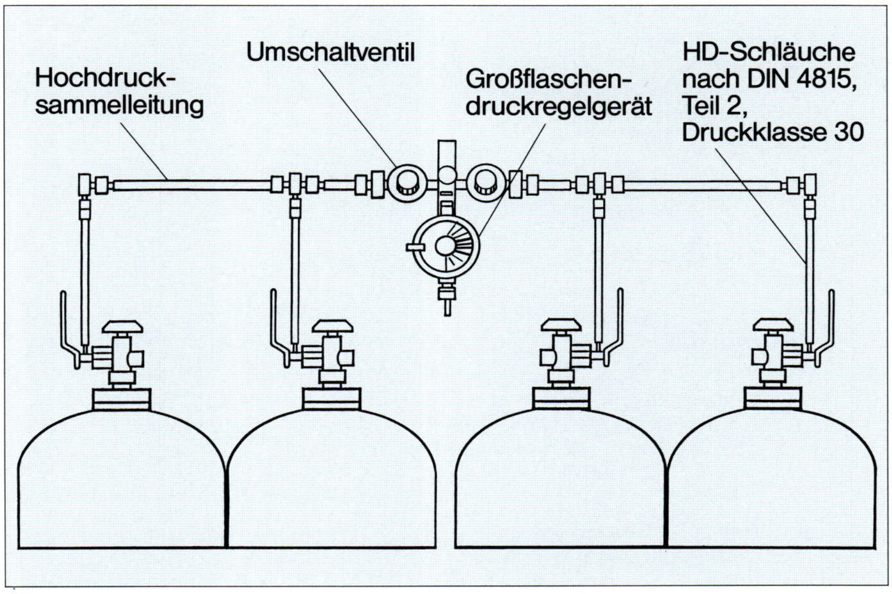

Bild 4.13

4.3.2 Flaschenanschlüsse für Flaschen mit einem Füllgewicht bis 14 kg

Das Druckregelgerät nach DIN 4811 Teil 4 (Entwurf) wird unmittelbar mit dem Flaschenventil verbunden. Der Flaschendruck wird einstufig auf den Anschlußdruck des Gasgerätes herabgesetzt.

Schlauch nach DIN 4815 Teil 2 Druckklassen 0,1 oder 6, max. 40 cm lang.

Kleinflaschendruckregelgerät nach DIN 4811 Teil 4 (Entwurf) mit thermisch auslösender Absperreinrichtung und Manometer.

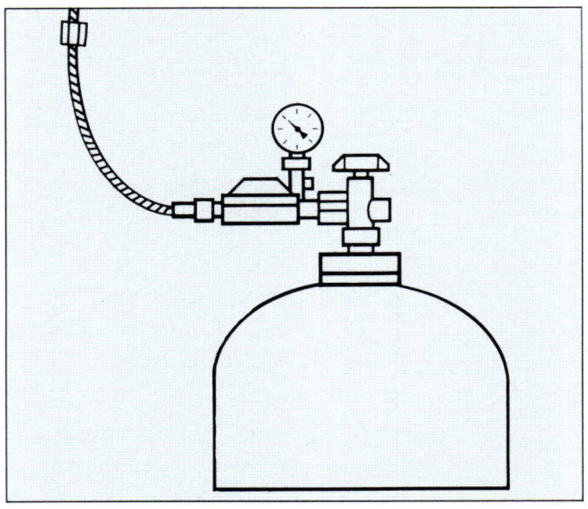

Bild 4.14

Leitungsanlagen

5

5 Leitungsanlagen

5.1 Druckregelgeräte

Druckregelgeräte müssen DIN 4811 entsprechen und sind für den entsprechenden Anwendungszweck auszuwählen. – DIN 4811 wird z. Zt. überarbeitet. Die Teile 4, 5 und 6 liegen im Entwurf vor und stehen zur Verabschiedung an. Änderungen können deshalb nicht ausgeschlossen werden.

Für den Geltungsbereich der TRF wird unterschieden:

DIN 4811 – Teil 4 Druckregelgeräte und Sicherheitseinrichtungen für Anlagen mit Flüssiggasflaschen.

DIN 4811 – Teil 5 Druckregelgeräte und Sicherheitseinrichtungen für Anlagen mit ortsfesten Flüssiggasbehältern, (1. Regelstufe – Ausgangsdruck < 1 bar und als Kombination 1. und 2. Regelstufe – Ausgangsdruck 50 mbar).

DIN 4811 – Teil 6 Druckregelgeräte und Sicherheitseinrichtungen für Anlagen mit geregeltem Eingangsdruck bis 1 bar.

Für die Installation in Gebäuden, Hausdruckregelgeräte für erhöhte thermische Belastung („t") Umgebungstemperatur 0°C bis + 60°C, 2. Regelstufe.

Für die Installation im Freien, Druckregelgeräte („f") Umgebungstemperatur – 20°C bis + 60°C, 2. Regelstufe.

Sie müssen DIN-DVGW anerkannt sein, mit entsprechender Kennzeichnung an gut sichtbarer Stelle.

Kennzeichnung für Druckregelgeräte nach DIN 4811 – Teil 4

Hersteller- und / oder eingetragenes Warenzeichen

Typbezeichnung

DIN-DVGW-Zeichen mit Register-Nummer

Nenn-Durchfluß in kg/h – Flüssiggas

Baujahr

PN 16/F (Flaschen Druckregelgerät)

Ausgangsdruck = 50 mbar

Die Durchflußrichtung muß durch einen Pfeil auf dem Gehäuse angegeben sein.

Kennzeichnung für Druckregelgeräte nach DIN 4811 – Teil 5

Hersteller- und / oder eingetragenes Warenzeichen

Typbezeichnung

DIN-DVGW-Zeichen mit Register-Nummer

Nenn-Durchfluß in kg/h – Flüssiggas

Baujahr

PN 16/B (Behälter-Druckregelgerät)

Ausgangsdruck < 1 bar – mit SAV
– ohne SAV

B „Behälter-Druckregler"

Die Durchflußrichtung muß durch einen Pfeil auf dem Gehäuse angegeben sein.

Kennzeichnung für Druckregelgeräte nach DIN 4811 – Teil 6

Hersteller- und / oder eingetragenes Warenzeichen

Typbezeichnung

DIN-DVGW-Zeichen mit Register-Nummer

Nenn-Durchfluß in kg/h – Flüssiggas

Baujahr

Eingangsdruck – $<$ 1 bar (Ausführung „t" – Hausdruckregelgerät mit SAV)
– 16 bar (Ausführung „f")

Ausgangsdruck = 50 mbar

Je nach Ausführung „t" oder „f"

Die Durchflußrichtung muß durch einen Pfeil auf dem Gehäuse angegeben sein.

5.1.1 Druckregelgeräte nach DIN 4811 Teil 4 für Anlagen mit Flüssiggasflaschen

Die Druckregelgeräte müssen zur Erfüllung ihrer Regelfunktion für einen ungeregelten Eingangsdruck bis 16 bar ausgelegt sein. Der Ausgangsdruck ist fest auf den Wert von 50 mbar eingestellt.

Die Druckregelgeräte für Flaschen unterscheiden sich in den Anschlüssen.

eingangseitiger Anschluß	ausgangseitiger Anschluß
Flaschen über 14 kg Füllgewicht nach DIN 477 Teil 1, Anschluß Nr. 1 mit Sechskant-Überwurfmutter Nenn-Durchfluß 2,5 – 4 kg/h Dichtung am Regler	**Flaschen über 14 kg Füllgewicht** Anschlußstutzen R 1/2″ links nach DIN 8542
Flaschen bis 14 kg Füllgewicht nach DIN 477 Teil 1, Anschluß Nr. 2 Nenn-Durchfluß 1,5 kg/h Dichtung im Flaschenventil	**Flaschen bis 14 kg Füllgewicht** Anschlußstutzen R 1/4″ links nach DIN 8542

Tabelle 5.1

Anschluß Nr. 1

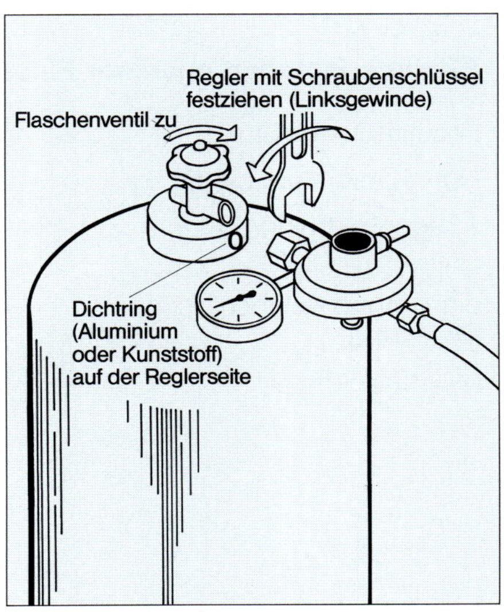

Bild 5.1

Anschluß Nr. 2

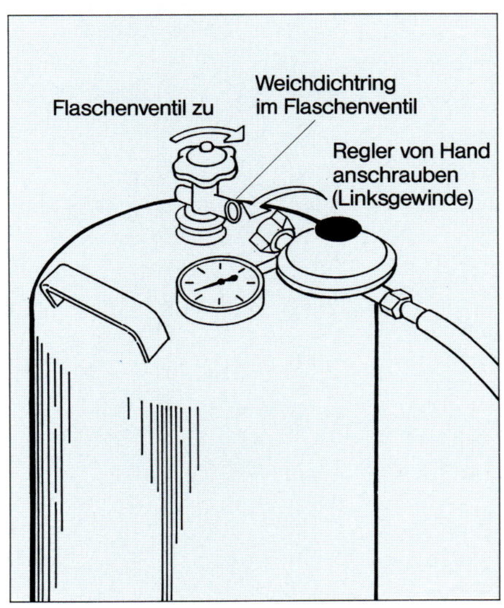

Bild 5.2

Bild 5.1
Regleranschluß Großflasche (33 kg Nenninhalt)

Bild 5.2
Regleranschluß Kleinflasche (5 und 11 kg Nenninhalt)

5

Leitungsanlagen

5.1.1 Druckregelgeräte nach DIN 4811 Teil 4 für Anlagen mit Flüssiggasflaschen

Danach sind einzusetzen:

Für Außenanlagen mit Flaschen über 14 kg Füllgewicht

Druckregler einstufig

Nenn-Durchfluß: 2,5 – 4 kg/h

Ausgangsdruck: 50 mbar

Sicherheits-Absperrventil = SAV

Ansprechdruck des SAV
80 – 120 mbar

Sicherheits-Abblaseventil = SBV

Ansprechdruck des SBV
120 – 150 mbar

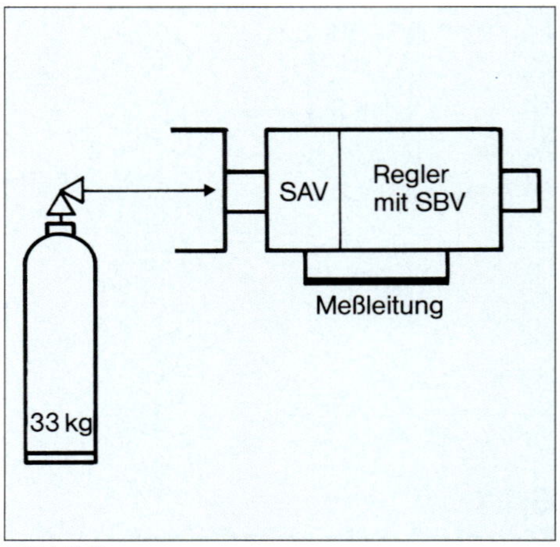

Bild 5.3

Außenanlagen als Mehrflaschenanlage über 14 kg Füllgewicht

Druckregler einstufig

Nenn-Durchfluß: 2,5 – 4 kg/h

Ausgangsdruck: 50 mbar

Sicherheits-Absperrventil = SAV

Ansprechdruck des SAV
80 – 120 mbar

Sicherheits-Abblaseventil = SBV

Ansprechdruck des SBV
120 – 150 mbar

Umschaltventil (automatisch)

oder

Umschaltventil (handbetätigt)

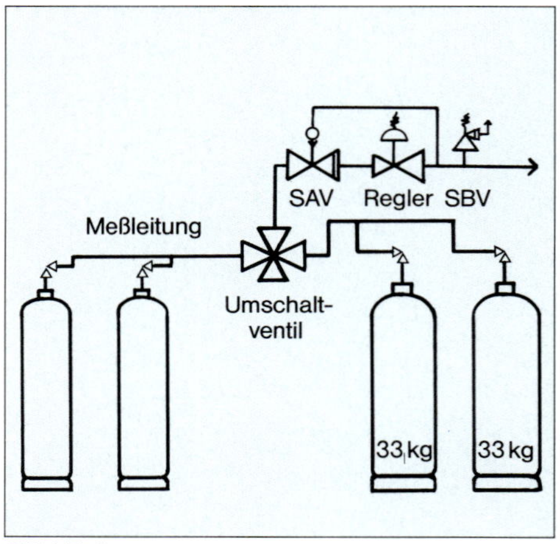

Bild 5.4

Für Innenanlagen mit einer Flasche bis 14 kg Füllgewicht

Druckregler einstufig

Nenn-Durchfluß: bis 1,5 kg/h

Ausgangsdruck: 50 mbar

selbsttätig wirkende Absperreinrichtung bei thermischer Belastung

M = Manometer

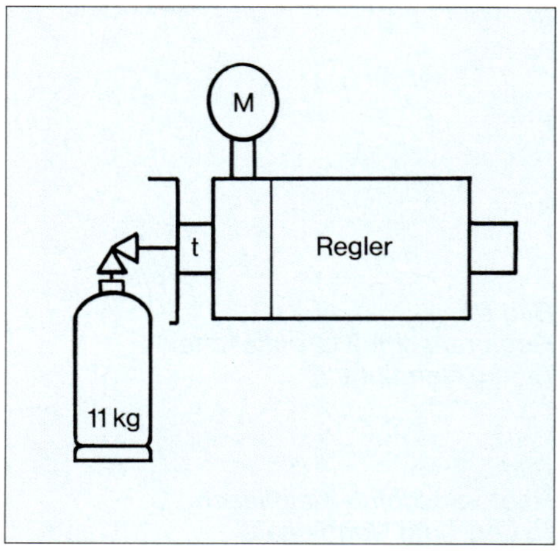

Bild 5.5

5.1.2 Druckregelgeräte nach DIN 4811 Teil 5 mit Sicherheitseinrichtungen für Anlagen mit ortsfesten Behältern

Druckregelgeräte für die erste Regelstufe müssen zur Erfüllung der Regelfunktion für einen ungeregelten Eingangsdruck bis 16 bar ausgelegt sein. Der Nenn-Durchfluß des Druckregelgerätes richtet sich nach dem Belastungswert der Verbrauchsanlage.

Danach sind einzusetzen: Für Anlagen, bei denen die Druckregelgeräte (1. und 2. Stufe) getrennt durch eine Rohrleitung angeordnet werden.

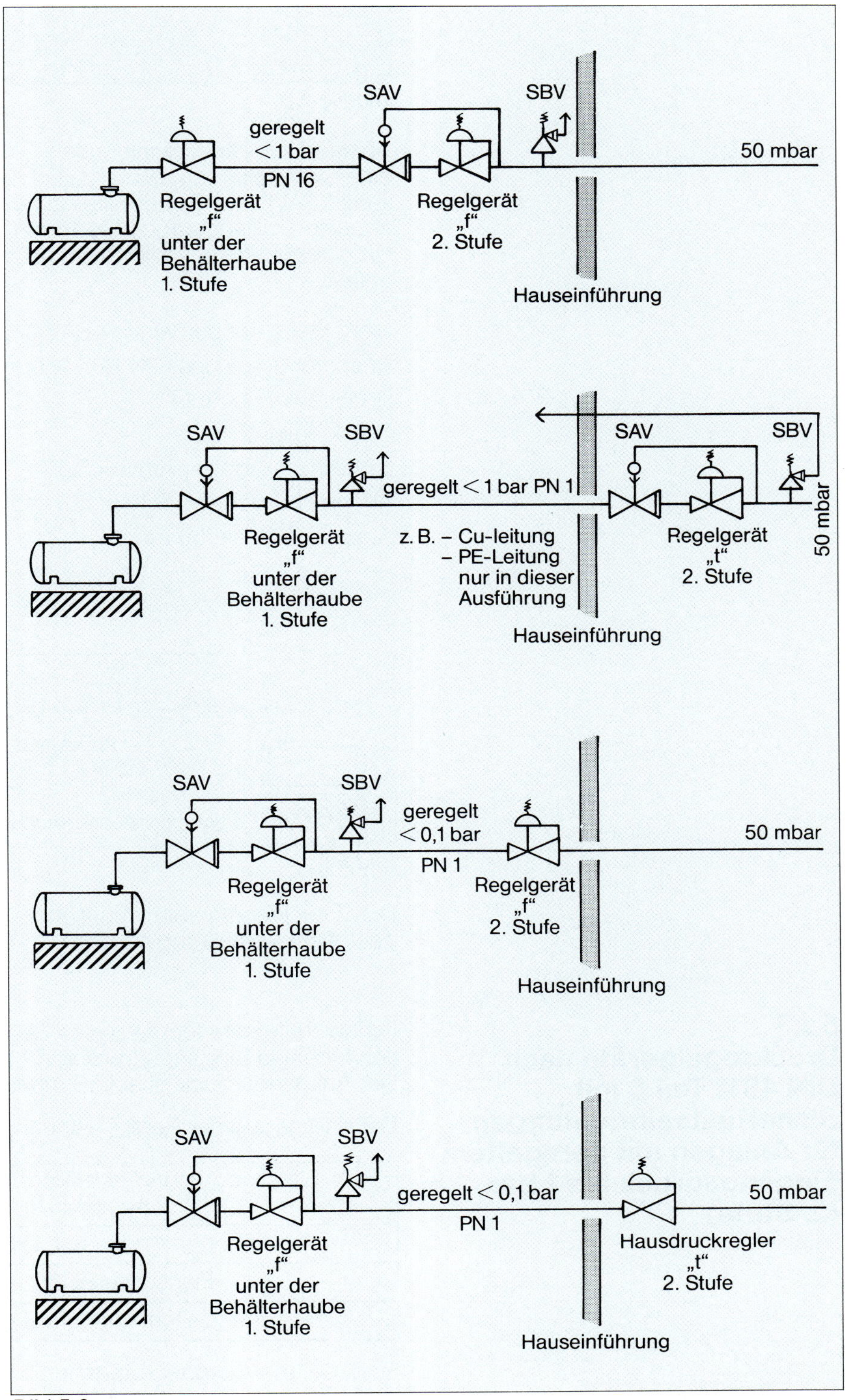

Bild 5.6

5 Leitungsanlagen

5.1.2 Druckregelgeräte nach DIN 4811 Teil 5 mit Sicherheitseinrichtungen für Anlagen mit ortsfesten Behältern

eingangseitiger Anschluß	ausgangseitiger Anschluß
wahlweise – Pol.-Anschluß – Flanschverbindung PN 25 – lötlose Rohrverschraubung nach DIN 2353	**wahlweise** – Flanschverbindung PN 25 – Rohrverschraubung nach DIN 2353 – Rohrgewinde nach DIN 2999 – Stutzen DIN 8542-3-G-3/8 I – Stutzen DIN 8542-3-G 1/2 LH

Tabelle 5.2

Anlagen mit Druckregelgeräten 1. und 2. Regelstufe in einer Einheit oder in einer werkseitig aufgebauten Einheit – Kombination mit Sicherheits-Absperrventil (SAV) und Sicherheits-Abblaseventil (SBV) – müssen für einen ungeregelten Eingangsdruck bis 16 bar ausgelegt sein. Der Nenn-Durchfluß der Druckregelgeräte richtet sich nach dem Belastungswert der Verbrauchsanlage.

Sicherheits-Absperrventil = SAV
Ansprechdruck des SAV 80 – 120 mbar
Druckregler: 1. Stufe
Druckregler: 2. Stufe
Sicherheits-Abblaseventil = SBV
Ansprechdruck des SBV = 120 – 150 mbar
Ausgangsdruck: 50 mbar

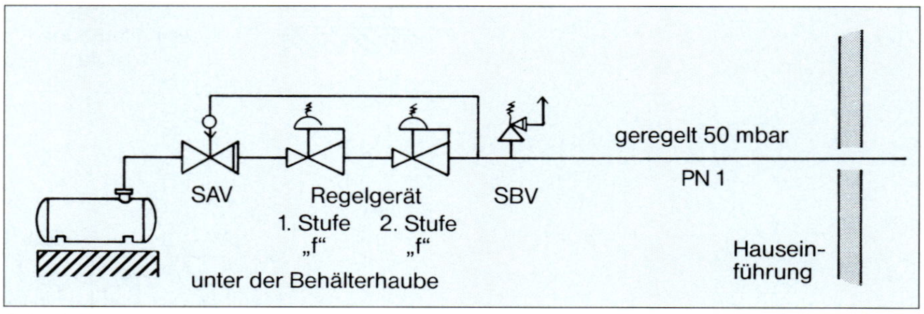

Bild 5.7

Die Druckregelgeräte müssen eine Befestigungseinrichtung oder eine geeignete Abstützung besitzen.

5.1.3 Druckregelgeräte nach DIN 4811 Teil 6 mit Sicherheitseinrichtungen für Anlagen mit geregeltem Eingangsdruck bis 1 bar (2. Stufe)

Druckregelgeräte für die zweite Regelstufe sind zur Erfüllung der Regelfunktion für einen Eingangsdruck von 1 bar ausgelegt.
Der Ausgangsdruck ist auf 50 mbar eingestellt.

Die Anordnung der Regler entnehmen Sie dem Bild 5.6

Ein- und Ausgangsverbindungen können wahlweise folgende Anschlußverbindungen haben:
Innengewinde nach DIN 2999 Teil 1 bis max. DN 50
Flanschverbindungen Druckstufe PN 10/16
Rohrverschraubungen nach DIN 2353

Eingang und Ausgang brauchen nicht die gleiche Nennweite haben.

Druckregelgeräte müssen befestigt werden.

Druckregler, 2. Stufe zur Installation im Freien (Ausführung „f")

Nenn-Durchfluß:
Nach dem Anschlußwert der Gasverbrauchseinrichtung

Sicherheits-Absperrventil (SAV)

Ansprechdruck: 80 – 120 mbar

Sicherheits-Abblaseventil (SBV)

Ansprechdruck: 120 – 150 mbar

Ausgangsdruck: 50 mbar

Kennzeichnung („f")

Bei Druckreglern der Ausführung „f" muß die Anordnung der Atmungsöffnung so gewählt werden, daß kein Wasser in die Öffnung eindringen kann.

Umgebungstemperaturbereich:
- 20°C bis + 60°C

Druckregler, 2. Stufe zur Inneninstallation (Ausführung „t")

Nenn-Durchfluß:
Nach dem Anschlußwert der Gasverbrauchseinrichtungen

Sicherheits-Absperrventil (SAV)

Ansprechdruck: 80 – 120 mbar

Sicherheits-Abblaseventil (SBV)

Ansprechdruck: 120 – 150 mbar

Ausgangsdruck: 50 mbar

Kennzeichnung („t")

Am Membrangehäuse des Druckreglers ist eine Anschlußmöglichkeit für eine Atmungsleitung mit einem Außendurchmesser von mindestens 8 mm, weiterhin ist ein thermisch auslösendes Absperrelement vorhanden.

Umgebungstemperaturbereich:
0°C bis + 60°C

Temperaturbeständigkeit von 600°C über 30 Min.

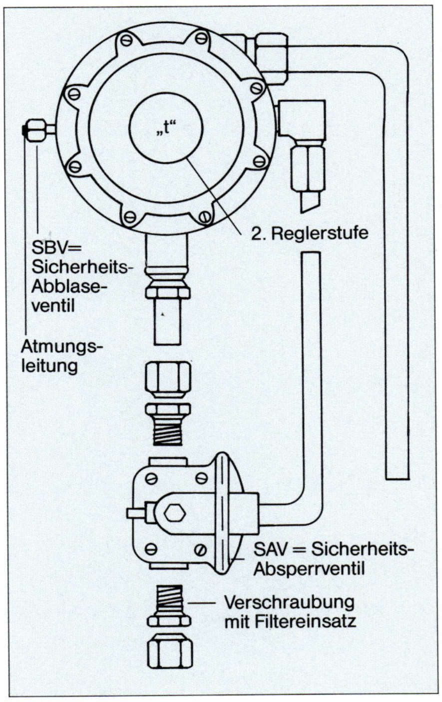

Bild 5.8

Bild 5.8
Darstellung Druckregler, 2. Stufe Ausführung „f" und „t"

5.1.3 Druckregelgeräte nach DIN 4811 Teil 6 mit Sicherheitseinrichtungen für Anlagen mit geregeltem Eingangsdruck bis 1 bar (2. Stufe)

Druckregler, 2. Stufe zur Inneninstallation (Ausführung „t“) mit Sicherheitsmembrane

Nenn-Durchfluß:
Nach dem Anschlußwert der Gasverbrauchseinrichtungen

Sicherheits-Absperrventil (SAV)

Ansprechdruck: 80 – 120 mbar

Ausgangsdruck: 50 mbar

Kennzeichnung („t“)

Am Membrangehäuse des Druckreglers ist kein Anschluß für eine Atmungsleitung vorhanden. Im Druckregler befindet sich zu der Reglermembrane noch eine Sicherheitsmembrane, weiterhin ein thermisch auslösendes Absperrelement.

Umgebungstemperaturbereich:
0°C bis + 60°C

Temperaturbeständigkeit von 600°C über 30 Min.

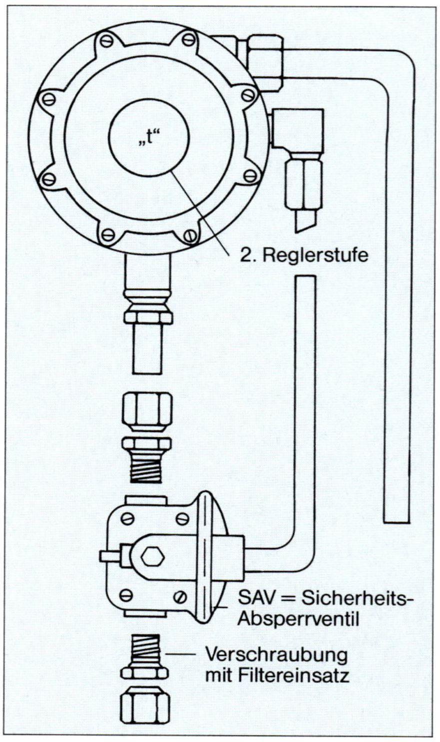

Bild 5.9

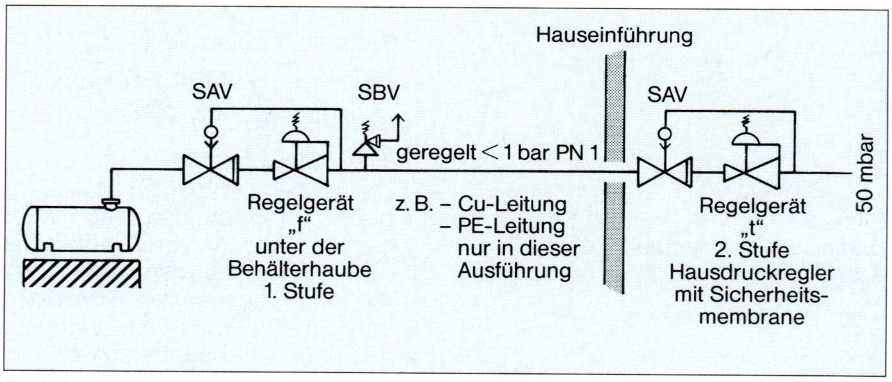

Bild 5.10

5.2 Rohre, Maße und Werkstoffe

Bild 5.11

Bei der Rohrinstallation hat sich **Kupfer** besonders gut bewährt und sollte deshalb bevorzugt gewählt werden.

Die wesentlichen Vorteile sind:

- In hohem Maße korrosionsbeständig.

- Überall im Handel erhältlich.

- Verbindungen mittels **Hartlöten.**

- Einfache zeitsparende Montage bzw. Verlegung.

- Vielfältige Angebote für Form- und Verbindungsteile.

In den folgenden Abschnitten werden die Anforderungen aus den **TRF 1988** bzw. die Anforderungen der zitierten **DIN-Normen** zusammengefaßt und als **Mindestanforderungen** unter Berücksichtigung der betrieblichen Bedingungen sowie der Standardlieferprogramme der Hersteller aufgeführt. Die Auflistung ist daher nicht komplett, da z. B. höherwertige, aber auch zulässige Werkstoffe nicht aufgeführt sind.

Diese Abschnitte enthalten Zusatzinformationen zu den TRF 1988 mit folgender Gliederung:

- Beschaffungsspezifikation mit z. B. Materialanforderung, Rohrabmessung, Werksabnahmezeugnis, Kennzeichnung und Lieferlänge. (Gegliedert in: Übersicht, Bestellbeispiel, Kennzeichnung, Abmessung.)
- Verbindungen
- Formstücke
- Verlegen
- Korrosionsschutz

Die vorgegebenen Bestellbeispiele **müssen** als Mindestanforderungen so übernommen werden unter Einfügung von der bestellten Menge von Metern an der vorgesehenen Stelle bei „. . ." m sowie evtl. weiterer Zusatzanforderungen gemäß dem folgenden Inhalt bzw. spezifischer Sonderwünsche.

Die Mindestanforderungen beinhalten auch Mindestanforderungen an die **„Bescheinigungen über Materialprüfungen nach DIN 50 049".**

Diese DIN-Norm gilt für die Bescheinigungen, mit denen Materialprüfungen, insbesondere an Werkstoffen, Werkstücken und Bauteilen, bestätigt werden. Festlegungen über anzuwendende Prüfverfahren und den Prüfumfang sind in den Liefernormen enthalten bzw. der Bestellanforderung festgelegt. Bescheinigungen nach dieser Norm dienen zum Nachweis der Qualität eines Erzeugnisses.

Die in den Bestellbeispielen enthaltene Mindestanforderung, die Materialprüfung durch ein **Werkzeugnis nach DIN 50049-2.2** zu belegen, gilt für Rohrleitungen, die durch den **Sachkundigen** nach § 32 Druckbehälterverordnung zu prüfen sind.

Für Rohrleitungen, die einer entsprechenden Prüfung durch den **Sachverständigen** nach § 31 Druckbehälterverordnung unterliegen, wird in der Regel die Bescheinigung eines Abnahmeprüfzeugnisses nach **DIN 50049-3.1 B** gefordert.

Die Einzelheiten sind den Technischen Regeln Rohrleitungen „TRR" zu entnehmen (Entwurf).

5.2 Rohre, Maße und Werkstoffe

Bescheinigung nach DIN 50049

Die Tabelle 5.1 gibt eine Übersicht über die in DIN 50049 enthaltenen verschiedenen Prüfbescheinigungen, beginnend mit der einfachsten „Werksbescheinigung" bis zum aufwendigsten „Abnahmeprüfprotokoll".

Bescheinigung	Norm-Bezeichnung[1])
Werksbescheinigung	Bescheinigung DIN 50 049 – 2.1
Werkszeugnis	Bescheinigung DIN 50 049 – 2.2
Werksprüfzeugnis	Bescheinigung DIN 50 049 – 2.3
Abnahmeprüfzeugnis A	Bescheinigung DIN 50 049 – 3.1 A
Abnahmeprüfzeugnis B	Bescheinigung DIN 50 049 – 3.1 B
Abnahmeprüfzeugnis C	Bescheinigung DIN 50 049 – 3.1 C
Abnahmeprüfprotokoll A	Bescheinigung DIN 50 049 – 3.2 A
Abnahmeprüfprotokoll C	Bescheinigung DIN 50 049 – 3.2 C

[1]) Als Kurzbezeichnung darf die Benennung Bescheinigung und, wenn der Bezug auf DIN 50 049 eindeutig ist, auch die DIN-Nummer weggelassen werden.

Tabelle 5.1

Beispiel Werkzeugnis nach DIN 50049-2.2

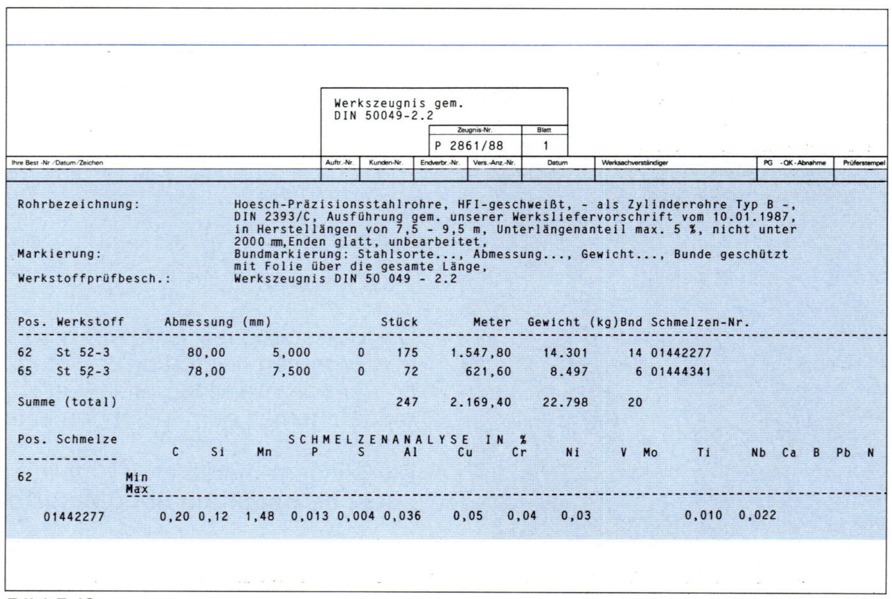

Werkszeugnis gem.
DIN 50049-2.2

Zeugnis-Nr.	Blatt
P 2861/88	1

Ihre Best.-Nr./Datum/Zeichen	Auftr.-Nr.	Kunden-Nr.	Endverbr.-Nr.	Vers.-Anz.-Nr.	Datum	Werksachverständiger	PG -QK-Abnahme	Prüferstempel

Rohrbezeichnung: Hoesch-Präzisionsstahlrohre, HFI-geschweißt, - als Zylinderrohre Typ B -, DIN 2393/C, Ausführung gem. unserer Werksliefervorschrift vom 10.01.1987, in Herstellängen von 7,5 - 9,5 m, Unterlängenanteil max. 5 %, nicht unter 2000 mm,Enden glatt, unbearbeitet,

Markierung: Bundmarkierung: Stahlsorte..., Abmessung..., Gewicht..., Bunde geschützt mit Folie über die gesamte Länge,

Werkstoffprüfbesch.: Werkszeugnis DIN 50 049 - 2.2

Pos.	Werkstoff	Abmessung (mm)			Stück	Meter	Gewicht (kg)	Bnd	Schmelzen-Nr.
62	St 52-3	80,00	5,000	0	175	1.547,80	14.301	14	01442277
65	St 52-3	78,00	7,500	0	72	621,60	8.497	6	01444341
Summe (total)					247	2.169,40	22.798	20	

SCHMELZENANALYSE IN %

Pos. Schmelze		C	Si	Mn	P	S	Al	Cu	Cr	Ni	V	Mo	Ti	Nb	Ca	B	Pb	N
62	Min Max																	
01442277		0,20	0,12	1,48	0,013	0,004	0,036	0,05	0,04	0,03			0,010	0,022				

Bild 5.12

Beispiel Abnahmezeugnis nach DIN 50049-3.1 B

```
                                   ABNAHMEPRUEFZEUGNIS GEM.
                                   DIN 50049-3.1B
                                               Zeugnis-Nr.   Blatt
                                               P 0879/89     1
Ihre Best.-Nr./Datum/Zeichen       Auftr.-Nr. Kunden-Nr. Endverbr.-Nr. Vers.-Anz.-Nr. Datum  Werksachverständiger  PG ⊥ QK-Abnahme  Prüferstempel

ROHRBEZEICHNUNG:          HOESCH-PRAEZISIONSSTAHLROHRE, HF-GESCHWEISST,
                          DIN 2393/C ,
                          ZUGBLANK-HART (BK),
                          IN HERSTELLAENGEN V. 5 - 6 M , UNTERLAENGENANTEIL MAX. 10 %, NICHT UNTER 2000 MM,
                          UNTERLAENGEN BIS 2,0 M ABWAERTS SEPARAT GEBUENDELT,
                          ENDEN GLATT, UNBEARBEITET,
MARKIERUNG:               BUNDE GESCHUETZT MIT FOLIE UEBER DIE GESAMTE LAENGE, ROHRENDEN MIT KUNSTSTOFFKAPPEN
                          GESCHUETZT,
WERKSTOFFPRUEFBESCH.:     ABNAHMEPRUEFZEUGNIS DIN 50 049 - 3.1 B,

POS. WERKSTOFF       ABMESSUNG(MM)                  STUECK     METER GEWICHT(KG)    BND SCHMELZEN-NR.
-------------------------------------------------------------------------------------------------------
 01  R ST 37-2           85,00        5,000      0,0     93      527,90        5.225      6 87534151
 BESTELLMENGE: 1500 M

 SUMME(TOTAL)                                            93      527,90        5.225      6

POS. SCHMELZE                     S C H M E L Z E N A N A L Y S E   I N  %
-------------       C     SI   MN   P     S     AL    CU    CR   NI   V     MO    TI    NB    CA    B     PB   N
 01             MIN
                MAX
               ------------------------------------------------------------------------------------------------
     87534151     0,115 0,13 0,41 0,006 0,008 0,045 0,03  0,06 0,03
```

Bild 5.13

```
                                   ABNAHMEPRUEFZEUGNIS GEM.
                                   DIN 50049-3.1B
                                               Zeugnis-Nr.   Blatt
                                               P 0879/89     2
Ihre Best.-Nr./Datum/Zeichen       Auftr.-Nr. Kunden-Nr. Endverbr.-Nr. Vers.-Anz.-Nr. Datum  Werksachverständiger  PG ⊥ QK-Abnahme  Prüferstempel

WERTE ZUGVERSUCH/KERBSCHLAGBIEGEVERSUCH:
--------------------------------------------------------------
POS.  FS                STRECKGRENZE ZUGFESTIGKEIT RP/RM BRUCHDEHNUNG(LO=A5   )  EINZEL     X̄     GRAD/C
 01   16        SOLLWERTE    N/QMM         N/QMM                    %              000       000        0
                   MIN                                                           PROBEN     EINZEL      _
                   MAX                                                           LAGE FORM  1   2   3   X
      SCHMELZE  PROBEN-NR/LAGE----------------------------------------------------------------------------
                      1          000          519        0,00      13,0

ERGEBNISSE DER PRUEFUNGEN:
--------------------------
POS.
 01   BESICHTIGUNG U. MASSKONTROLLE                         : OHNE BEANSTANDUNG
      RINGFALTVERSUCH                                       : OHNE BEANSTANDUNG
      AUFWEITVERSUCH                                        : OHNE BEANSTANDUNG

 ES WIRD BESTAETIGT, DASS ALLE ROHRE DEN OBIGEN LIEFERBEDINGUNGEN ENTSPRECHEN.

 DIESE BESCHEINIGUNG NACH DIN 50049 WURDE UNTER EINSATZ EINES EDV-SYSTEMS, DESSEN EIGNUNG DEM TUEV NACHGEWIESEN
 WORDEN IST, ERSTELLT. SIE IST OHNE UNTERSCHRIFT DES WERKSACHVERSTAENDIGEN GUELTIG. VERAENDERUNGEN IN DER
 BESCHEINIGUNG WERDEN ALS URKUNDENFAELSCHUNG UND BETRUG STRAFRECHTLICH VERFOLGT.
```

Bild 5.14

5.2.1 Außenleitungen bis einschließlich Druckstufe PN 25

Rohrleitungen aus Stahl

Rohre

Rohrleitungen aus Stahl zum Schweißen

Zugelassen sind:

- mittelschwere Gewinderohre nach **DIN 2440** in St 33-2 nach DIN 17100 nahtlos oder geschweißt
- schwere Gewinderohre nach **DIN 2441** in St 33-2 nach DIN 17100
- Gewinderohre mit Gütevorschrift nach **DIN 2442** in St 37.0 nach DIN 1626 für geschweißte Rohre oder DIN 1629 für nahtlose Rohre
- nahtlose Stahlrohre nach **DIN 2448** in St 37.0 nach DIN 1629
- geschweißte Stahlrohre nach **DIN 2458** in St 37.0 nach DIN 1626

Bestellbeispiel:

. . . m Gewinderohr **DIN 2440** – DN 50 – nahtlos
Mindestlänge . . . m,
DIN 50049 – 2.2 *), **)

. . . m Gewinderohr **DIN 2441** – DN 80 – geschweißt
Mindestlänge . . . m,
DIN 50049 – 2.2 *), **)

. . . m Rohr 60,3 x 4,5 **DIN 2442** – nahtlos
Mindestlänge . . . m,
DIN 50049 – 2.2 *), **)

. . . m Rohr **DIN 2448** – 60,3 x 2,9
DIN 1629 – St 37.0
Festlänge von . . . m
DIN 50049 – 2.2 **)

. . . m Rohr **DIN 2458** – 88,9 x 2,9
DIN 1616 – St 37.0
Festlänge von . . . m
DIN 50049 – 2.2 **)

*) Diese Rohre werden ohne Oberflächenbehandlung sowie ohne Grundierung geliefert.

**) Beispiel für DN 50 bzw. DN 80 siehe auch Tabelle 5.2 Seite 57.

Kennzeichnung

– DIN 2440 / 41 / 42

Geschweißte Gewinderohre bis DN 150 müssen fortlaufend mit etwa 1 m Abstand dauerhaft und leicht erkennbar mit dem Herstellerzeichen gekennzeichnet sein (Herstellerzeichen und Abnahmebescheinigung müssen übereinstimmen).

Nahtlose Gewinderohre sind an den Rohrenden dauerhaft und leicht erkennbar mit dem Herstellerzeichen zu versehen (Herstellerzeichen und Abnahmebescheinigung müssen übereinstimmen):

– DIN 2448

Jedes Rohr muß deutlich und dauerhaft an einem Ende gemäß DIN 1629 gekennzeichnet sein:

- Herstellerzeichen (Herstellerzeichen und Abnahmebescheinigung müssen übereinstimmen)
- Kurzname der Stahlsorte

- Nachgesetztes Zeichen „S“ für die nahtlose Ausführung

(Es darf bei diesen Rohren auch zusätzlich die Kennzeichnung „DIN 2470 T 1“ eingeprägt sein.)

– DIN 2458

Jedes nach dieser Norm gelieferte Rohr muß deutlich und dauerhaft an einem Ende wie folgt gekennzeichnet sein (nach DIN 1626):

- Herstellerzeichen (Herstellerzeichen und Abnahmebescheinigung müssen übereinstimmen)
- Kurzname der Stahlsorte
- Nachgesetztes Zeichen „W“ für die geschweißte Ausführung

(Die zusätzliche Kennzeichnung mit „DIN 2470 T 1“ ist zulässig.)

Abmessungen

Die angegebenen Mindestwanddicken **dürfen nicht** unterschritten werden.

Tabelle 5.2 Wanddickentabelle in mm nach DIN ISO 4200

Nennweite DN	6	8	10	15	20	25	(32)	40	50	(65)	80	100	(125)	150	200
Rohraußendurchmesser	10,2	13,5	17,2	21,5	26,9	33,7	42,4	48,3	60,3	76,1	88,9	114,3	139,7	169,3	219,1
DIN 2440	2,0	2,35	2,35	2,65	2,65	3,25	3,25	3,25	3,65	3,65	4,05	4,5	4,85	4,85	/
DIN 2441	2,65	2,9	2,9	3,25	3,25	4,05	4,05	4,05	4,5	4,5	4,95	5,4	5,4	5,4	/
DIN 2442	2,65	2,9	2,9	3,25	3,25	4,05	4,05	4,05	4,5	4,5	4,85	6,3	8,0	8,8	/
DIN 2448	2,0*	2,0*	2,0*	2,0	2,3	2,6	2,6	2,6	2,9	2,9	3,2	3,6	4,0	4,5	6,3
DIN 2458	2,0	2,0	2,0	2,0	2,0	2,0	2,3	2,3	2,3	2,6	2,9	3,2	3,6	4,0	4,5

Tabelle 5.2

( ) werden nur bedingt eingesetzt, sind somit nicht immer ab Lager zu beziehen.
/ Nennwerte nicht in Norm enthalten.
* nicht von allen Herstellern lieferbar.

Verbindungen

Für Verbindungsteile siehe auch **DIN 30 690 T 1**
– Bauteile in der Gasversorgung –

Unlösbare Verbindungen, z. B. zwischen Rohrleitungen und Vorschweißflanschen bzw. Einschweißarmaturen müssen als Stahlschweißverbindungen hergestellt sein und dürfen nur von Schweißern hergestellt werden, die ihre Qualifikation durch eine gültige Rohrschweißerprüfung nach DIN 8560 nachweisen können. Der Qualitätsnachweis nach DVS-Richtlinie 1114 ist ebenfalls zugelassen. Diese Richtlinie beinhaltet den DVS-Lehrgang zum Gasschweißen im Bereich DVGW-TRGI 1986, für das Gasschweißen von Stahlrohren mit weniger als 4 mm Wanddicke. Der Lehrgang schließt mit einer Schweißerprüfung nach DIN 8560 ab.

Formstücke

Nur normgerechte Formstücke dürfen verwendet werden.

Zugelassen sind z. B.:

- Rohrbogen zum Einschweißen nach **DIN 2605,** in ST 37.0 nach DIN 2609
- Vorschweißflansche PN 25 nach **DIN 2634,** in C 22 nach DIN 17 200
- Blindflansche PN 25 nach **DIN 2527,** in C 22 nach DIN 17 200
- Verzinkte Sechskantschrauben nach **DIN 931** und Sechskantmuttern
- nach **DIN 555** aus Stahl, Festigkeitsklasse 5 D
- Dichtungen PN 40 mit Metallarmierung oder metallischem Innenbördel nach **DIN 2691** bzw. **DIN 2692.**

5.2.1 Außenleitungen bis einschließlich Druckstufe PN 25

Rohrleitungen aus Stahl

Bestellbeispiele:

... Bogen **DIN 2605**-2-90-3-88,9 x 5,6-BW-F
a b c d e f g*)
DIN 50049-2.2

... Flansch ... – ... x ... **DIN 2634**-C 22, **DIN 50049-2.2** **)

... Flansch ... – ... x ... **DIN 2527**-C 22, **DIN 50049-2.2** **)

... Sechskantschraube **DIN 931**-M ... x ... – 5.6 ***)

... Sechskantmutter **DIN 555**-M ... – 5 ***)

... Dichtung aus ... nach **DIN 2691** für Flansche ... PN ... ****)

*) a = z. B. 2 für DIN 2604 T 2
b = z. B. 90 für 90° Bogen
c = z. B. 3 für Bauart 3 ≙ $r = 1{,}5 \times d_a$
d = z. B. 88,9 x 5,6 für Rohraußendurchmesser x Wanddicke
e = z. B. B für Toleranzklasse B
f = z. B. W für geschweißt
g = z. B. F für Werkstoffgruppe nach DIN 2609 für St 37.0

**) C ≙ Dichtleiste Form C = glatt nach DIN 2526
F ≙ Dichtleiste Form F = Feder nach DIN 2512
N ≙ Dichtleiste Form N = Nut nach DIN 2512
V 13 ≙ Dichtleiste Form V 13 = Vorsprung nach DIN 2513
R 13 ≙ Dichtleiste Form R 13 = Rücksprung nach DIN 2513

***) Bei Sechskantschrauben bedeutet die Bezeichnung **„5.6"** in der Beschreibung die Festigkeitsklasse nach **DIN ISO 898 T 1 in Stahl** und beiSechskantmuttern die Bezeichnung **„5"** die entsprechende Festigkeitsklasse **DIN 267 T 4 in Stahl.**

****) Es müssen metallinnenrandgefaßte Dichtungen

Bild 5.14

oder metallummantelte Dichtungen verwendet werden.

Bild 5.15

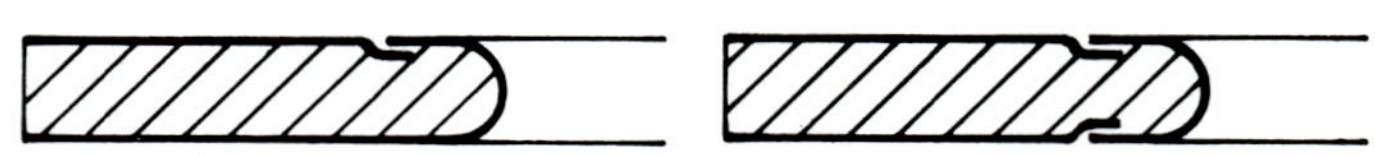

Kennzeichnung

- Rohrbögen nach **DIN 2605** müssen nach DIN 2609 gekennzeichnet sein.
- Vorschweißflansche nach **DIN 2634** und Blindflansche nach **DIN 2527** müssen folgende Kennzeichnungen nach DIN 2519 haben:

- Herstellerzeichen
- Nennweite / Rohraußendurchmesser
- Nenndruck
- Werkstoff
- DIN 2634 oder DIN 2527

Verlegen

Rohrleitungen müssen so verlegt und befestigt werden, daß sie den auftretenden Belastungen und Drücken, Temperaturen und chemischen Einflüssen standhalten. Besonders hingewiesen wird hier auf: Klimatische Veränderungen, mögliche mechanische Beschädigungen verursacht z. B. durch Fremdeinwirkung oder unterschiedliche Setzung der Fundamente oder Durchbiegung durch das Eigengewicht bei einer Druckprobe mit Wasser.

Korrosionsschutz

Von besonderer Wichtigkeit ist eine gute Oberflächenvorbehandlung (z. B. Drahtbürsten oder Sandstrahlen, Schmirgeln).

Abhängig von der Außenatmosphäre werden folgende Beschichtungen vorgeschlagen:

Stadtatmosphäre (ohne besondere Umwelteinflüsse):

1 Grundanstrich auf Kunstharzbasis und 1 Deckanstrich mit Kunstharzlack (z. B. auf Alkydharzbasis), Schichtdicke pro Anstrich 40 μm.

Industrieatmosphäre (z. B. in der Nähe von größeren Chemiewerken):

1 Grundanstrich auf Epoxidharzbasis (2-Komponentenfarbe) und 2 Deckanstriche auf Epoxidharzbasis. Schichtdicke pro Anstrich 40 μm.

Die Verarbeitungsrichtlinien der Lackhersteller sind zu befolgen.

Die **Farbenauswahl** hat nach **DIN 2403** zu erfolgen! D. h. Rohrleitungen in „gelb" nach DIN 5381, Farbmuster RAL 1012.
Zur Unterscheidung von Gas- bzw. Flüssigphase führenden Leitungen wird empfohlen, die Flüssigphase führenden Leitungen deutlich mit einer zusätzlichen „roten" Kennzeichnung, z. B. Ring, zu versehen. (Rot-Farbmuster RAL 3000).

5.2.1 Außenleitungen bis einschließlich Druckstufe PN 25

Rohrleitungen aus Kupfer

Zugelassen sind „Installationsrohre aus Kupfer", nahtlos gezogen nach **DIN 1786** in SF-Cu F 37 (bzw. 2.0090.3 2) für Anlieferung in gestreckten Längen bzw. in SF-Cu F 22 (bzw. 2.0090.10) für Anlieferung in Ringen.

Bestellbeispiel:

. . . m Rohr **DIN 1786,** SF-Cu F 22 – 22 x 1 x Rg. . . . m*)

oder

. . . m Rohr **DIN 1786** (2.0090.32) – 22 x 1 x Lg. . . . m*)

*) für Rohr 22 mm Außendurchmesser, 1 mm Wanddicke.

Für Verwendung von Cu-Rohren mit werkseitiger **Kunststoffummantelung** gilt der Zusatz: z. B.: „mit PVC-Stegmantel".

Die Lieferlänge wird angegeben in Ringen = „Rg." (Lieferlänge 25 oder 50 m, entsprechend dem Bestellbeispiel einzufügen) bzw. in gestreckter Länge = „Lg".

Wird der Nachweis der Festigkeitseigenschaften verlangt, so ist ein entsprechender Nachweis mit dem Lieferanten / Hersteller bei der Bestellung zu vereinbaren, z. B. mindestens **„DIN 50049-2.2"** (gemäß TRR).

Kennzeichnung

Rohre sind vom Hersteller durch Prägung zu kennzeichnen. Der Abstand zwischen zwei Kennzeichnungen soll nicht größer als 500 mm sein. Die Kennzeichnung muß enthalten:

- Rohrdurchmesser
- Wanddicke
- DIN 1786
- Herstellername

5.2.1 Außenleitungen bis einschließlich Druckstufe PN 25

Rohrleitungen aus Kupfer

Abmessungen

Zugelassen sind:

- 1 mm Wanddicke für Außendurchmesser 6/8/10/12/15/18/22 mm
- 1,5 mm Wanddicke für Außendurchmesser 28/35 und 42 mm

Werden Cu-Rohre handwerklich durch Schweißen verbunden, wird eine Nennwanddicke von mindestens 1,5 mm empfohlen.

Verbindungen

Kupferrohrlötverbindungen sind **nur durch Hartlöten** herzustellen unter Benutzung von Lötverbindungen / Fittings nach **DIN 2856.** Das Herstellen von Formstücken ist nicht zulässig.

Daraus folgt, daß T- und Schrägabgänge nur mittels vorgefertigter Lötfittings auszuführen sind.

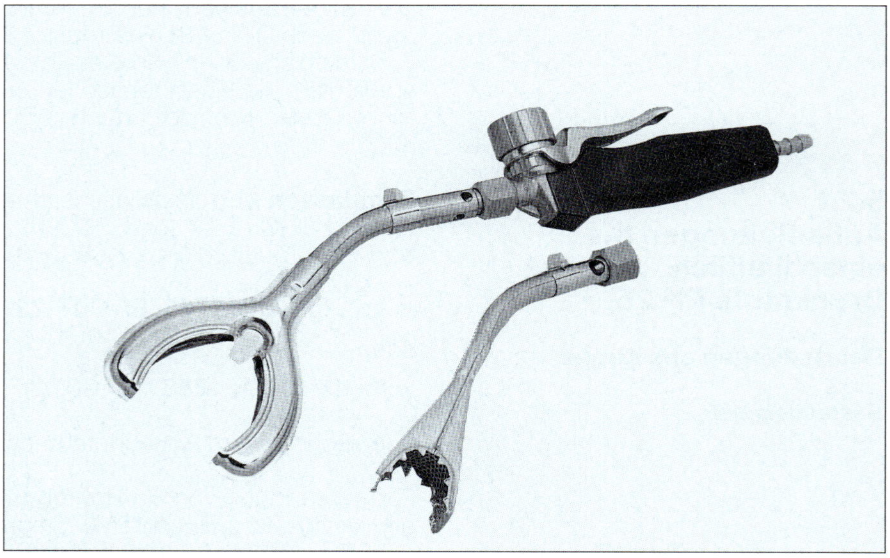

Lötbrenner mit Rundumflamme

Bild 5.16

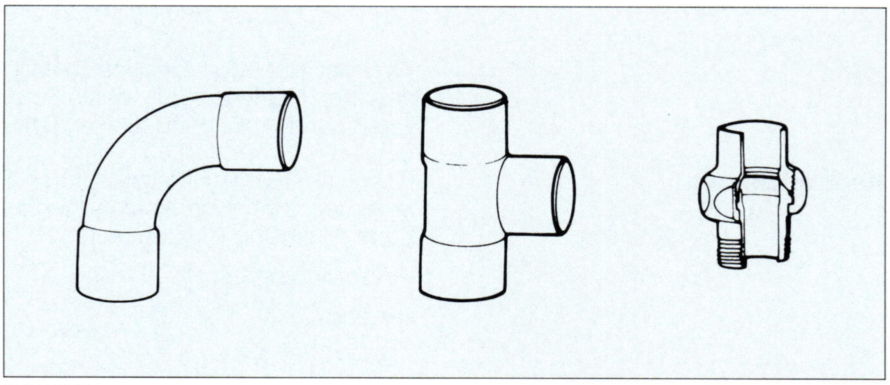

Beispiele für Lötverbindungen mit Bogen- und T-Stück, sowie Übergangsstück von Löt- auf Schraubverbindung

Bild 5.17

5.2.1 Außenleitungen bis einschließlich Druckstufe PN 25

Rohrleitungen aus Kupfer

Für das **Löten** sind folgende **Hartlote** nach **DIN 8513** Teil 1, 2 und 3 bzw. sind Hartlotflußmittel nach DIN 8511 Teil 1, Typ F.Fs 1 zu verwenden.

Lote	Schmelzintervall	Arbeitstemperatur	Flußmittel
L-Ag 34 Sa L-Ag 44 L-Ag 45 SN	630 – 730°C 680 – 740°C 640 – 680°C	710°C 730°C 670°C	mit Flußmittel F-SH 1
L-Ag 2 P L-Cu P 6	650 – 810°C 710 – 880°C	710°C 730°C	ohne Flußmittel

Tabelle 5.3

Wenn Fittings, Armaturen und Absperreinrichtungen aus Messing oder Rotguß hartgelötet werden, können phosphorhaltige Hartlote L-Ag 2 P und L-Cu P 6 nur in Verbindung mit Flußmittel verwendet werden. Die Ausführungshinweise nach DVGW-Arbeitsblatt GW 2 sind zu befolgen.

Flußmittel sind z. B. mit einem Pinsel nur auf die vorher gereinigten Außenseiten der einzusteckenden Rohrenden bzw. Außenenden von Lötfittings aufzutragen. Keinesfalls darf Flußmittel in die Fittingöffnung oder die Rohre gebracht werden. Nach Beendigung des Lötvorganges sind die äußeren Flußmittelreste zu entfernen.

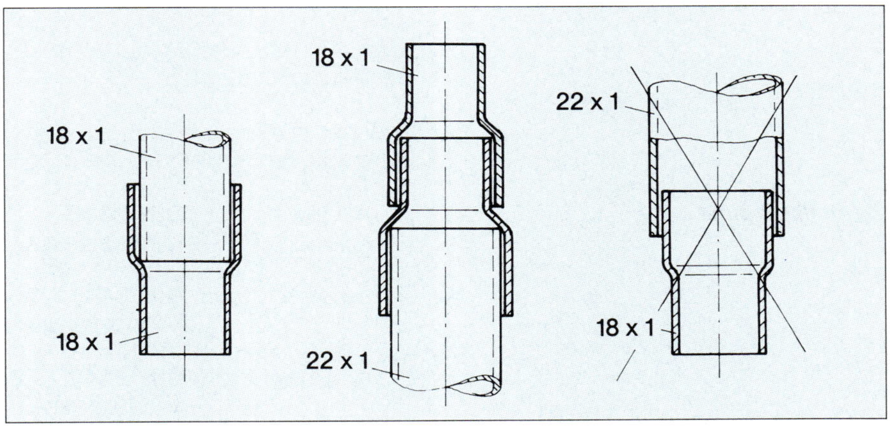

Verbindungen von Kupferrohren

Bild 5.18

Verlegen

Kupferrohre in Ringen nach DIN 1786 sind auch ohne technische Hilfsmittel kalt biegbar mit den in nachfolgender Tabelle angegebenen **Mindestbiegradien,** jedoch nur bis zu einem Außendurchmesser von 18 mm.

Tabelle 5.4
Biegeradien für Rohre in gestreckter Länge im Zustand SF - CU F 37

Abmessungen Außendurchmesser	 Wanddicke	Biegeradius *) min.
6	0,8 und 1	21
8	0,8 und 1	28
10	0,8 und 1	35
12	0,8 und 1	42
15	– 1	52,5
18	– 1	72

*) Die Mindestbiegeradien für Außendurchmesser bis 15 mm entsprechen dem 3,5fachen, für 18 mm dem 4fachen Wert des Außendurchmessers.

Tabelle 5.4

Korrosionsschutz

Für den Korrosionsschutz von Kupferrohren gibt es keine Anforderungs- und Prüfnorm. Werksseitig kunststoffummantelte Kupferrohre gelten als ausreichend korrosionsgeschützt.

Korrosionsschutzbänder oder **Schrumpfschläuche (DIN 30 670)** sind für den nachträglichen Korrosionsschutz von Rohrverbindungen zu verwenden.

Die Richtlinien der Hersteller sind zu beachten.
Für blanke Kupferrohre wird ein Korrosionsschutz ähnlich wie bei Rohrleitungen aus Stahl (zum Schweißen) vorgeschlagen.

5.2.2 Außenleitungen mit einem Betriebsdruck ≦ 1 bar

Rohrleitungen aus Stahl

Rohrleitungen aus Stahl (zum Verschrauben bis DN 50)

Zugelassen sind:

- Mittelschwere Gewinderohre nach **DIN 2440**
- Schwere Gewinderohre nach **DIN 2441**
- Mit Gütevorschrift nach **DIN 2442**

Zulässige Materialqualitäten siehe Abs. 5.2.1.

Falls die Lieferung mit kegeligem Gewinde an beiden Enden erfolgen soll, ist in der Bestellanforderung zu ergänzen: mit Gewinde. Es erfolgt dann die Lieferung in Withworth-Rohrgewinde nach DIN 2999 Teil 1, Kegel 1:16.

Wird eine Verzinkung ab Werk gleich mitbestellt, ist der Zusatz „B" in der Bestellung anzugeben.

Ebenso ist eine Lieferung mit kegeligem Gewinde an beiden Enden mit einer aufgeschraubten Muffe möglich.

Bestellbeispiele:

... m Gewinderohr **DIN 2440** – DN ... nahtlos, B, mit Gewinde
Mindestlänge ... mm, DIN 50049-2.2

... m Gewinderohr **DIN 2441** – DN ... geschweißt, B, mit Gewinde
Mindestlänge ... mm, DIN 50049-2.2

... m Gewinderohr **DIN 2442** – DN ... geschweißt, B, mit Gewinde
Mindestlänge ... mm, DIN 50049-2.2

Ebenso ist eine Lieferung mit kegeligem Gewinde an beiden Enden mit einer aufgeschraubten Muffe möglich.

Kennzeichnung

Die Kennzeichnungsvorschriften sind identisch mit denen der Rohrleitungen aus Stahl (zum Schweißen).

Abmessungen

Die angegebenen Mindestwanddicken **dürfen nicht** unterschritten werden.

Tabelle 5.5
Wanddickentabelle in mm

Nennweite DN	6	8	10	15	20	25	(32)	40	50
Rohraußen ∅	10,2	13,5	17,2	21,5	26,9	33,7	42,4	48,3	60,3
DIN 2440	2,0	2,35	2,35	2,65	2,65	3,25	3,25	3,25	3,65
DIN 2441 / 42	2,65	2,9	2,9	3,25	3,25	4,05	4,05	4,05	4,5
DIN 2448	2,0*	2,0*	2,0*	2,0	2,3	2,6	2,6	2,6	2,9
DIN 2458	2,0	2,0	2,0	2,0	2,0	2,0	2,3	2,3	2,3

Tabelle 5.5

( ) werden nur bedingt eingesetzt, sind somit nicht immer ab Lager zu beziehen.
* nicht von allen Herstellern lieferbar.

5.2.2 Außenleitungen mit einem Betriebsdruck $\leqq$ 1 bar

Rohrleitungen aus Stahl

Verbindungen

Gewindeverbindungen sind nur **in der Gasphase** mit einem Druck bis **PN 1** bar und bis **DN 50** zulässig.

Zugelassen sind:

Tempergußfittings nach **DIN 2950** bzw. Stahlfittings mit Gewinde nach **DIN 2980.**

Gewindeverbindungen dürfen nur mit nichtaushärtenden Dichtmitteln mit **DVGW-Prüfzeichen** nach **DIN 30 660** hergestellt werden. Die DIN 30 660 stellt an die Dichtmittel eine Reihe von Anforderungen, sie müssen z. B.

- mit Rohr- und Armaturenwerkstoffen verträglich sein,
- nach dem Losdrehen des Fittings um 45° die Dichtheitsanforderungen noch erfüllen,
- bei Vibration die Dichtheit noch gewährleisten,
- mit schaumbildenden Lecksuchmitteln so verträglich sein, daß der Flüssigkeitsfilm nicht zerstört wird bzw. der Schaum so lange erhalten bleibt, daß eine evtl. Undichtheit wahrgenommen werden kann.

Bei Gewindeverbindungen nach **DIN 2999** wird die Dichtheit bereits durch metallische Pressung zwischen kegeligem Außengewinde und zylindrischem Innengewinde erreicht.

Nackte (unverpackte Gewinde) dürfen von Hand nicht völlig zusammengedreht werden können.

Der beim Eindichten aufgebrachte Dichtmittelträger dient als Füllmittel und muß daher einwandfrei in das Gewinde einlaufen. Er darf die metallische Dichtung nicht behindern, so daß im Endzustand 1/2 bis 11/2 Gewindegänge freiliegen.

5.2.2 Außenleitungen mit einem Betriebsdruck ≦ 1 bar

Rohrleitungen aus Stahl

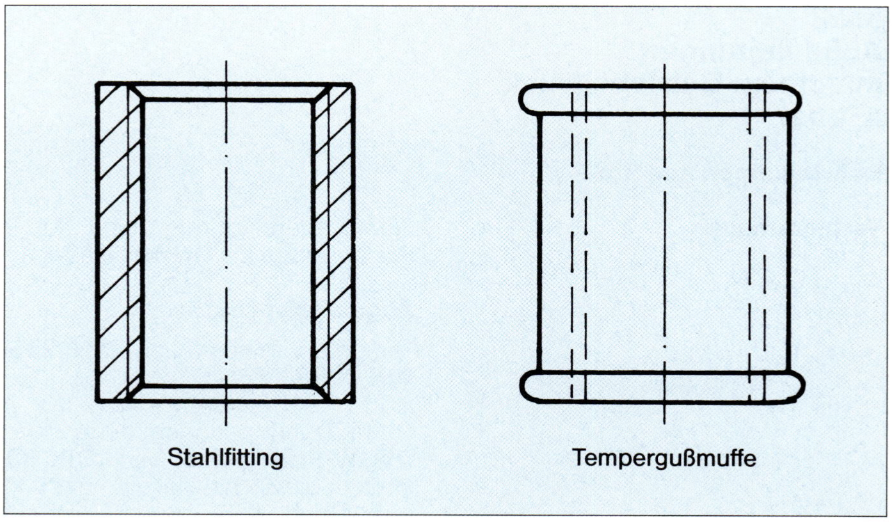

Bild 5.19

Stahlfitting nach DIN 2986 (Muffe ohne Randverstärkung und Tempergußmuffe nach DIN 2950 mit Randverstärkung)

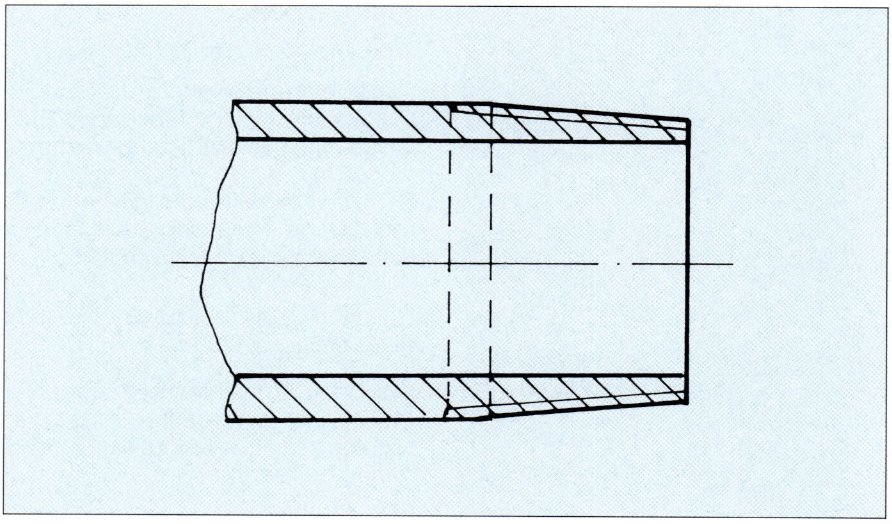

Bild 5.20

Kegeliges Außengewinde (Kegel 1:16) nach DIN 2999 Teil 1

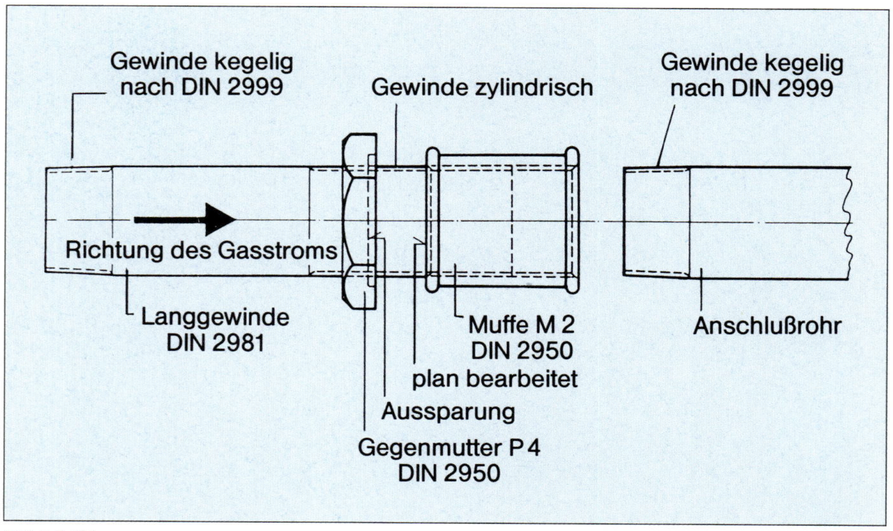

Bild 5.21

Rohrverbindungen mit verschiedenen Gewindearten

5.2.2 Außenleitungen mit einem Betriebsdruck ≦ 1 bar

Rohrleitungen aus Stahl

Verschraubung

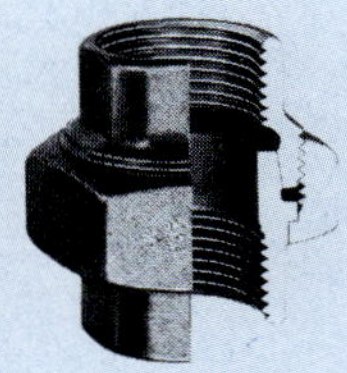

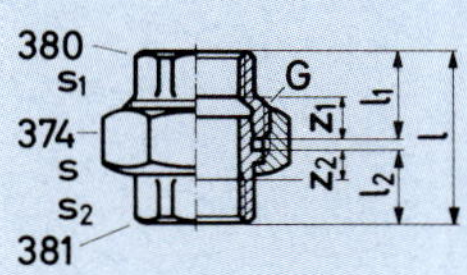

DN	G	l	l_1	l_2	Z_1	Z_2	S	S_1	S_2
• ⅛	½	38	19	17	12	10	26	14	14
• ¼	¾	42	121	119	111	9	32	18	18
• ⅜	⅞	45	23	20	13	10	36	22	22
• ½	1 ⅛	48	25	21	12	8	44	26	26
• ¾	1 ¼	52	28	22	13	7	48	31	31
• 1	1 ½	58	31	25	14	8	54	38	38
• 1 ¼	2	65	33	30	14	11	67	48	48
• 1 ¼	2 ¼	70	36	32	17	13	73	54	54
• 2	2 ¾	78	42	34	18	10	90	66	66

Doppelnippel

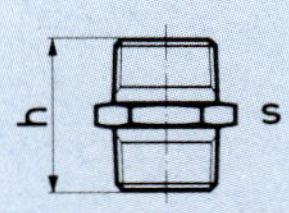

DN	h	s
• ⅛ □	25	13
• ¼ □	32	17
• ⅜	38	22
• ½	44	27
• ¾	47	32
• 1	53	41
• 1 ¼	57	50
• 1 ½	59	55
• 2	68	70

Reduktionsstück mit Außen- und Innengewinde

Form I und II

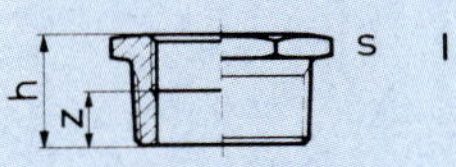

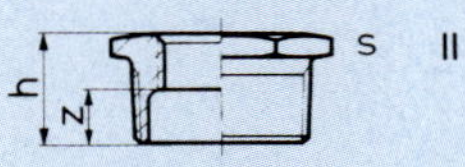

Form III

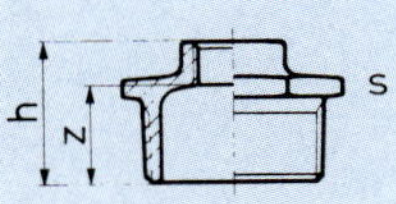

DN	h	z	s	Form
• ¼ – ⅛ □	20	13	17	I
• ⅜ – ⅛ □	20	13	19	II
• ⅜ – ¼ □	20	10	19	I
• ½ – ⅛	24	17	22	II
• ½ – ¼	24	14	22	II
• ½ – ⅜	24	14	22	I
• ¾ – ¼	26	16	30	II
• ¾ – ¾	26	16	30	II
• ¾ – ½	26	13	30	I
• 1 – ¼	29	19	36	II
• 1 – ⅜	29	19	36	II
• 1 – ½	29	16	36	II
• 1 – ¾	29	14	36	I
• 1 ¼ – ⅜	31	21	36	II
• 1 ¼ – ½	31	18	46	II
• 1 ¼ – ¾	31	16	46	II
• 1 ¼ – 1	31	14	46	I
• 1 ½ – ⅜	31	21	50	II
• 1 ½ – ½	31	18	50	II
• 1 ½ – ¾	31	16	50	II
• 1 ½ – 1	31	14	50	II
• 1 ½ – 1 ¼	31	12	50	I
• 2 – ½	48	35	65	III
• 2 – ¾	48	33	65	III
• 2 – 1	35	18	65	II
• 2 – 1 ¼	35	16	65	II
• 2 – 1 ½	35	16	65	II

Tabelle 5.6

Beispiele für Rohrteile mit Gewinde nach DIN 2980

Rohrleitungen aus Stahl

Langer Bogen

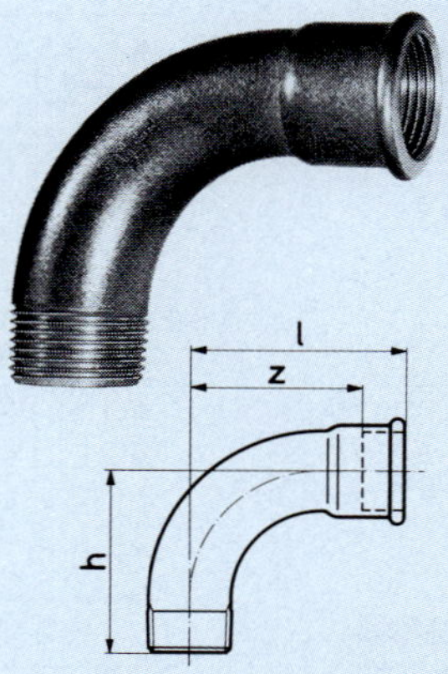

DN	l	h	z
• ⅛	35	32	28
• ¼	40	36	30
• ⅜	48	42	38
• ½	55	48	42
• ¾	69	60	54
• 1	85	75	68
• 1 ¼	105	95	86
• 1 ½	116	105	97
• 2	140	130	116

T-Stück

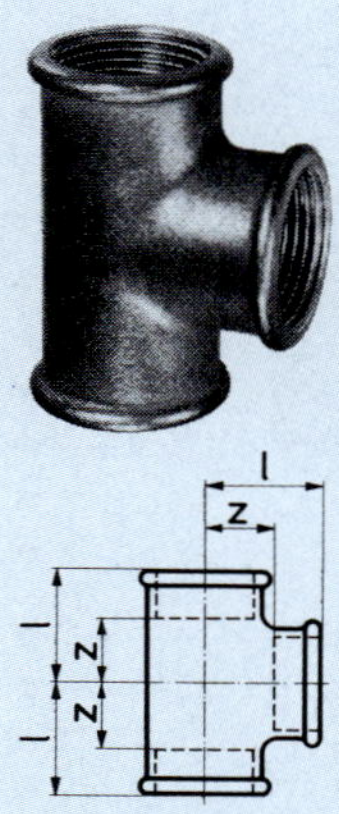

DN	l	z
• ⅛	19	12
• ¼	21	11
• ⅜	25	15
• ½	28	15
• ¾	33	18
• 1	38	21
• 1 ¼	45	26
• 1 ½	50	31
• 2	58	34

Muffe

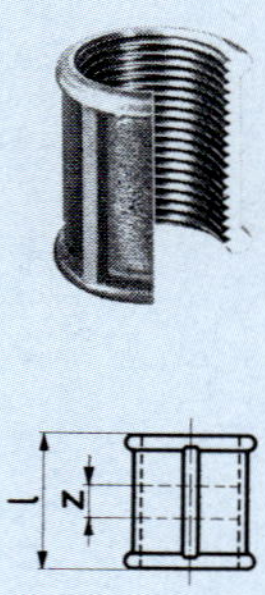

DN	l	z
• ⅛	25	11
• ¼	27	7
• ⅜	30	10
• ½	36	10
• ¾	39	9
• 1	45	11
• 1 ¼	50	12
• 1 ½	55	17
• 2	65	17

Tabelle 5.7

Einschraublängen

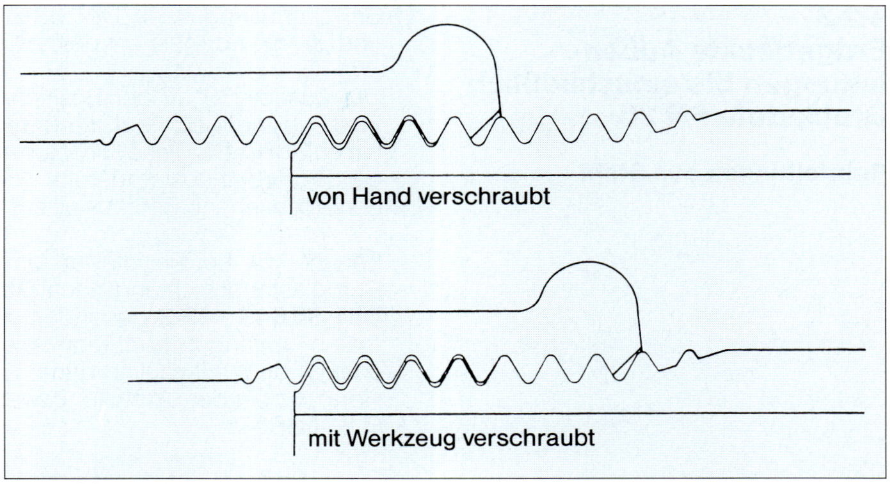

Bild 5.22

Am Außengewinde stehen noch 2 3/4 – 4 1/2 Gänge zur Verfügung für den Anzug mit dem Werkzeug gemäß nachstehender Tabelle.

Tabelle 5.8
Mittlere Einschraublängen in mm

Gewindegröße	1/4	3/8	1/2	3/4	1	1 1/4	1 1/2
Mittlere Einschraublänge in mm	10	10	13	15	17	19	19
Davon: Hand-Anzuglänge in mm	6	6	8	10	10	13	13
mit Werkzeug angezogen in Anzahl Umdrehungen	2 3/4	2 3/4	2 3/4	2 3/4	2 3/4	2 3/4	2 3/4

Tabelle 5.8

Verlegen / Korrosionsschutz

Für die Verlegung und den Korrosionsschutz gelten, soweit nicht eine werksseitige Feuerverzinkung vorliegt, die bei Rohren aus Stahl (zum Schweißen) gemachten Aussagen. Die werkseitige Feuerverzinkung kann als gleichwertig zur dort beschriebenen spezifizierten Oberflächenvorbehandlung angesehen werden.

Rohrleitungen aus Kupfer

Für Rohrleitungen aus Kupfer im Betriebsdruck ≦ 1 bar gelten die gleichen Anforderungen und Hinweise wie bei höheren Drücken.

5.2.3 Erdgedeckte Außenleitungen bis einschließlich Druckstufe PN 25

Rohrleitungen aus Stahl

Rohrleitungen aus Stahl (zum Schweißen)

Es gelten die gleichen Hinweise wie für Außenleitungen, jedoch mit dem alternativen Zusatz zu allen Bestellvorschlägen:

- mit Polyethylen-Umhüllung nach **DIN 30 670 (PE)** oder
- mit Umhüllung mit Bitumen nach **DIN 30 673** oder
- mit Duroplastbeschichtung nach **DIN 30 671** (EP, PUR oder PUR-T).

Bestellbeispiel:

. . . m Rohr **DIN 2448** – 33,7 x 2,6, DIN 1629 – St 37.0
Festlänge von . . . m,
DIN 50 049 – 2.2 Umhüllung **DIN 30 670** – Nn *)

. . . m Rohr **DIN 2458** – 88,9 x 2,9, DIN 1626 – St 37.0
Festlänge von . . . m,
DIN 50 049 – 2.2, Umhüllung **DIN 30 671** – EP 30 *)

*) siehe Seite 68

5.2.3 Erdgedeckte Außenleitungen bis einschließlich Druckstufe PN 25

Rohrleitungen aus Stahl

*) Bei Umhüllung nach DIN 30 670 bedeutet „N" die Normalausführung und „n" die normale Mindestschichtdicke (n = 1,8 mm bei = DN 100).

Der Zusatz „30" in der Bezeichnung „EP 30" der Umhüllung nach DIN 30 671 bezieht sich auf die max. zulässige Dauerbetriebstemperatur von bis zu 30°C. Da diese DIN-Norm einen Unterschied macht entsprechend der Dauerbetriebstemperatur von entweder = 30°C oder = 70°C muß der vorgesehene Betriebsfall angegeben werden.

Ebenso wie bei Polyethylen-Umhüllung nach **DIN 30 670** ist auch bei Duroplastbeschichtung nach **DIN 30 671** eine Prüfbescheinigung nach **DIN 50 049 – 2.2** gesondert **zu vereinbaren,** da sie nicht zum normalen Umfang gehört. Eine solche Prüfbescheinigung nach DIN 30 671 erlaubt dem Hersteller dann auch eine Kennzeichnung nach dieser Norm, wobei der Umhüllungswerkstoff angegeben werden muß (z. B. EP, PUR, PUR7T).

Diese Prüfung beinhaltet dann entsprechend der DIN 30 671 auch eine elektrische Durchschlagsprüfung mit folgenden Spannungen:

EP	3 kV
PUR	10 kV
PUR-Teer (PUR-T)	25 kV

Bestellbeispiel

. . . m Rohr **DIN 2448** – 33,7 x 2,6, DIN 1629 – St 37.0
Festlänge von . . . m
DIN 50 049 – 2.2, Umhüllung DIN 30 673 – A 3,5 – U**)

**) Hierbei steht A für äußere Umhüllung und 3,5 ist der Typ für die normale Umhüllungsdicke. Das U steht für „ungefülltes Bitumen".

Rohre mit Bitumenumhüllung nach **DIN 30 673** sollen nur in Verbindung mit **erdgedeckten Behältern und KKS-Anlagen** verwendet werden.

Verbindungen

Verbindungen an erdverlegten Stahl-Außenleitungen sind **nur** mittels **Verschweißen** zugelassen. Ansonsten gelten die bei Außenleitungen gemachten Aussagen.

Korrosionsschutz

Die drei aufgeführten Beschichtungsarten unterscheiden sich nicht nur im Beschichtungswerkstoff und der aufzubringenden Schichtdicke, sondern auch in ihrer Zuverlässigkeit entsprechend den verschiedenen Bodenaggressivitäten. Daraus folgt:

- Um der höchsten Gefährdungsklasse zu genügen, wird als werkseitiger Korrosionsschutz für Stahlrohre ausschließlich eine Polyethylenumhüllung nach **DIN 30670** empfohlen.
- Für die Nachisolierung von Verbindungsstellen mit z. B. Schrumpfschläuchen oder Duroplastbinden sind die Richtlinien der Hersteller zu beachten. Eine **elektrische Durchschlagsprüfung** ist auszuführen.

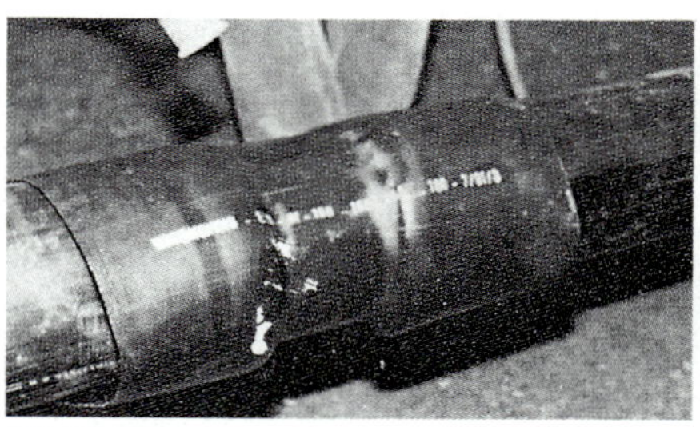

Bild 5.23

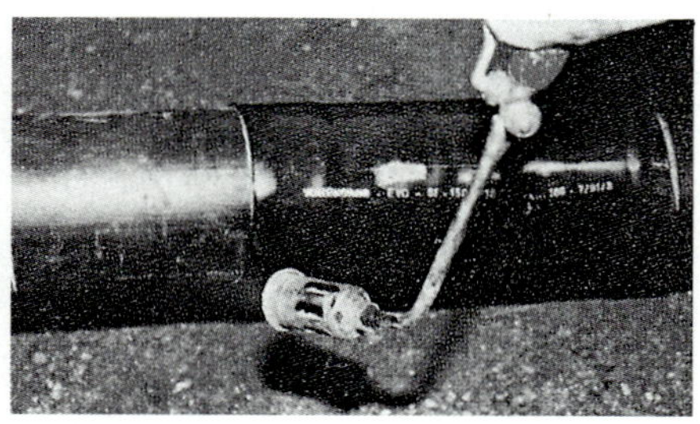

Bild 5.24

Rohrleitungen aus Kupfer

Für im Erdreich verlegte Leitungen aus Kupfer gilt bei Verwendung von werkseitig kunststoffummantelten Kupferrohren die gleiche Aussage wie für Außenleitungen aus Kupfer.

Verbindungen sind soweit möglich im Erdreich zu vermeiden.

Für erdverlegte Kupferrohrleitungen nach DIN 1786 mit Kunststoffummantelung gilt hier ebenso obige Aussage.

5.2.4 Erdgedeckte Außenleitungen mit einem Betriebsdruck ≦ 1 bar

Rohrleitungen aus Kunststoff

Rohrleitungen aus Kunststoff

Zugelassen sind:

Rohre nach **DIN 8074** bzw. **DIN 8075 T 2** aus Polyethylen hoher Dichte (PE-HD) dürfen **nur** als erdgedeckte Leitungen in der **Gasphase** verwendet werden. Diese Rohre dürfen nach DVGW-Arbeitsblatt G 477 nur bis zu einem **maximalen** Betriebsdruck von **4 bar** (entsprechend Rohrreihe 5, PN 10 nach DIN 8074) eingesetzt werden.

Der Betriebsdruck ist durch ein Druckregelgerät sowie eine Sicherheitsabsperreinrichtung **(SAV) abzusichern.**

Bestellbeispiel

. . . m Rohr **DIN 8074** – . . . x . . . PE-HD, mit DVGW-Zulassung

Kennzeichnung

Die Rohre sollen werksseitig fortlaufend und dauerhaft lesbar in Abständen von etwa 1 m wie in folgendem Beispiel gekennzeichnet sein:

- Herstellerkennzeichen: z. B. X Y Z
- DVGW-Zeichen: DVGW – G 020
- Rohrtyp: PE-HD DIN 8074
  PN 10
- Außendurchmesser x Wanddicke – z. B.: 32 x 3
- Fertigungsdatum: (unverschlüsselt) 270189
- Maschinennummer: 7

Kennzeichnungsbeispiel:

XYZ – DVGW – G 020 – PE-HD DIN 8074 – Pn 10 – 32 x 3 – 270189 – 7

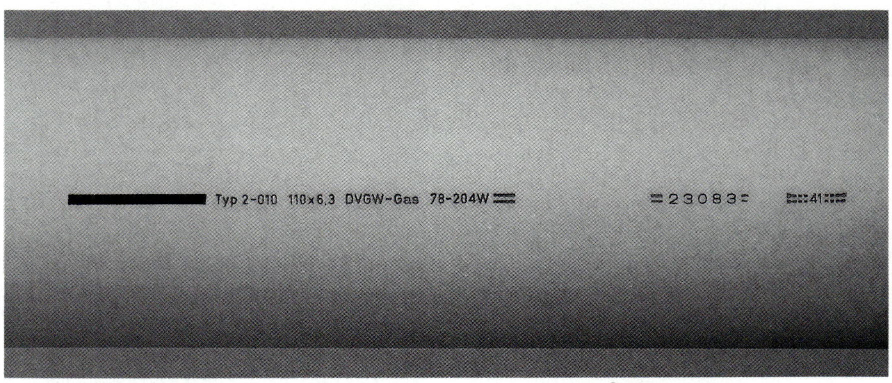

Bild 5.25

Abmessungen

16 x 2*, 20 x 2*, 25 x 2,3, 32 x 3, 40 x 3,7, 50 x 4,6, 63 x 5,8, 75 x 6,9 und 90 x 8,2

*) Mindestwanddicke nach TRF

5.2.4 Erdgedeckte Außenleitungen mit einem Betriebsdruck ≦ 1 bar

Rohrleitungen aus Kunststoff

Die Verbindungen sind auszuführen **durch Rohrleger** mit Ausbildung und Prüfung nach DVGW-Arbeitsblatt **G 330** (für Schweißverbindungen).

Verbindungen sind als **Schweißverbindungen** mittels Form- und Verbindungsstücken nach DVGW-Arbeitsblatt **G 477** auszuführen. Zum Herstellen der Verbindungen sind das „Heizelement – Muffenschweißen" und das „Elektro-Muffenschweißen" zugelassen. Hierfür sind spezielle Schweißgeräte einzusetzen.

Der Übergang von PE-Rohr auf Stahl- oder Kupferrohr **muß vor** der Hauseinführung erfolgen.

Für Übergänge von PE-Rohr auf Stahl-/Kupferrohr werden Übergangsstücke verwendet, die nicht lösbar sind und ein DIN/DVGW-Prüfzeichen haben.

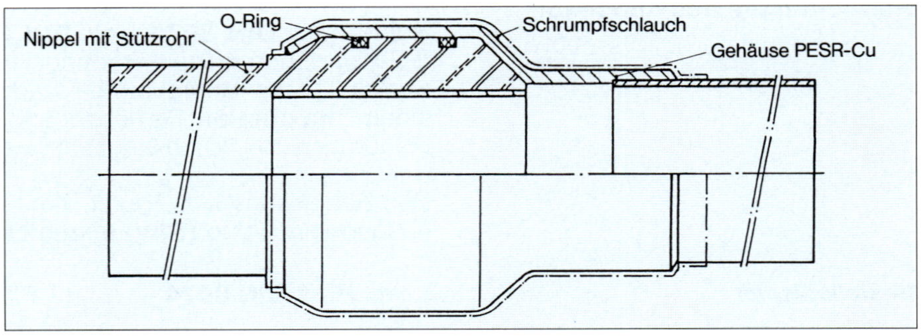

Bild 5.26

Verlegen

Mit der **Verlegung** der Rohrleitungen dürfen nur Rohrleitungsfirmen betraut werden, die über ausgebildetes Fachpersonal **(Rohrleger)** gemäß DVGW-Arbeitsblatt **G 330** verfügen.
Bei den Verlegearbeiten ist das DVGW-Arbeitsblatt **G 472** zu beachten.

Für die Verlegung im Rohrgraben sind folgende Punkte besonders zu beachten:

- Der Rohrgraben ist so anzulegen, daß alle Leitungsteile in der Regel **0,6 m** bis 1,0 m überdeckt sind. Die Überdeckung darf an örtlich begrenzten Stellen (Gehwegen, Vorgärten) mit besonderen Schutzmaßnahmen bis auf 0,5 m verringert werden (z.B. Abdecksteine, Schutzrohre).

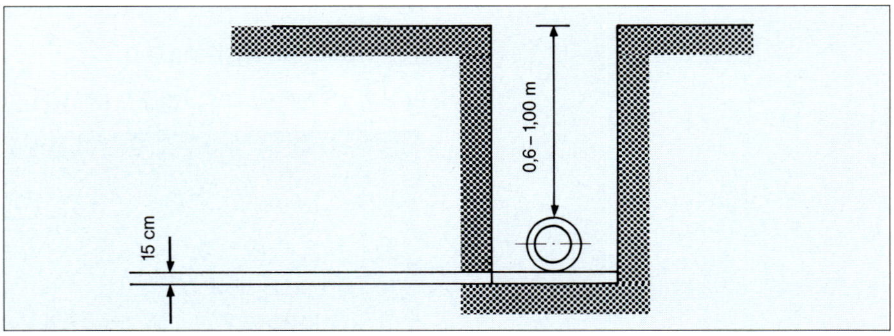

Bild 5.27

- Für die allseitige Umhüllung der Rohre mit **mindestens 10 cm** steinfreiem Material (z. B. Sand) wird empfohlen, die Grubensohle 15 cm tiefer auszuheben.
- Zur Vermeidung unzulässiger Spannungen in der verlegten Gasleitung muß die Grabensohle so hergestellt werden, daß die Rohrleitung voll aufliegt.
- Bei nicht tragfähigem oder stark wasserhaltigem Boden ist zu prüfen, ob die Gasleitung gegen Absinken oder gegen Auftrieb gesichert werden muß.

5.2.5 Innenleitungen mit einem Betriebsdruck ≦ 1 bar

Rohrleitungen aus Präzisionsstahlrohren

Rohrleitungen aus Präzisionsstahlrohren

Zugelassen sind:

Nahtlose Präzisionsstahlrohre mit besonderer Maßgenauigkeit nach **DIN 2391 Teil 1** (Maße) bzw. **DIN 2391 Teil 2** (techn. Lieferbedingungen).

Die Bestellbezeichnung beinhaltet z. B. den Gütegrad, die Stahlsorte und den Lieferzustand neben Menge, Normenhinweis und Abmessungen bzw. Lieferlänge und Bescheinigung über Werkstoffprüfung.

Für die Anwendung nach TRF 1988 soll als Gütegrad mindestens die Gruppe „B" festgelegt werden. Für die Lieferzustände gilt „GBK" für geglüht und „NBK" für normal geglühte Rohre.

Bestellbeispiel:

. . . m Rohr **DIN 2391** – B – St 35 NBK
22 x 1,5 x 5000 – 3.1 B / galvanisch verzinkt. *)

*) Da die **DIN 2391 Teil 2** keine festen Mindestprüfungen vorschreibt und Dichtheitsprüfungen üblicherweise auch nicht vorgesehen sind, ist eine Prüfung bzw. Bescheinigung nach **DIN 50 049-3.1 B** zu fordern. Dies entspricht auch DIN 2391 Teil 2, welche für den Einsatz in Flüssigkeiten oder Gasen solche Prüfungen vorschreibt.

Kennzeichnung

Die Rohre müssen durch Etiketten gekennzeichnet sein, die fest am Bund oder an der Kiste befestigt sind und zwar mit folgenden Angaben:

- Herstellerzeichen
- techn. Lieferbedingungen und Gütegrad
- Stahlsorte
- Lieferzustand (GBK)
- Maße
- Prüfzeichen des Abnahmeprüfers

Abmessungen

Folgende Mindestwanddicken **müssen** eingehalten werden:

- Nennweite 4 bis einschl. Nennweite 10 mind. 1 mm Wanddicke
- Nennweite 12 bis einschl. Nennweite 22 mind. 1,5 mm Wanddicke
- Nennweite 25 und größer mind. 2 mm Wanddicke

Verbindungen

Zugelassen werden:

- Lötlose Rohrverschraubungen mit Schneidring nach **DIN 2353** sowie
- metallisch dichtende Verbindungsstücke nach **DIN 3387**
- Verschraubung **ML 10 DIN 2353** – St

Hier bedeuten:

M = eine T-Verschraubung mit kegeligem Einschraubzapfen und metrischem Gewinde

L = die leichte Baureihe

10 = Rohraußendurchmesser in mm

St = das Werkstoffkurzzeichen für Stutzen / Schneidring / Überwurfmutter zur Verwendung für Stahlrohre nach DIN 2391.

5.2.5 Innenleitungen mit einem Betriebsdruck ≦ 1 bar

Lötlose Rohrverschraubungen mit Schneidring

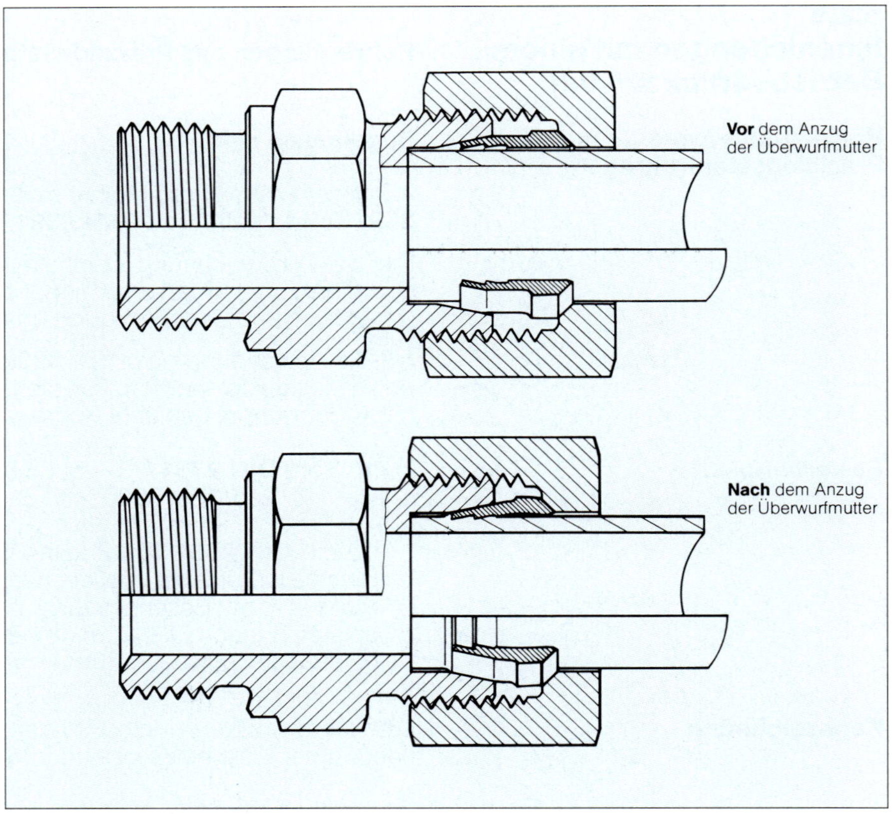

Bild 5.28

Kombination von Verschraubungen im Baukastensystem

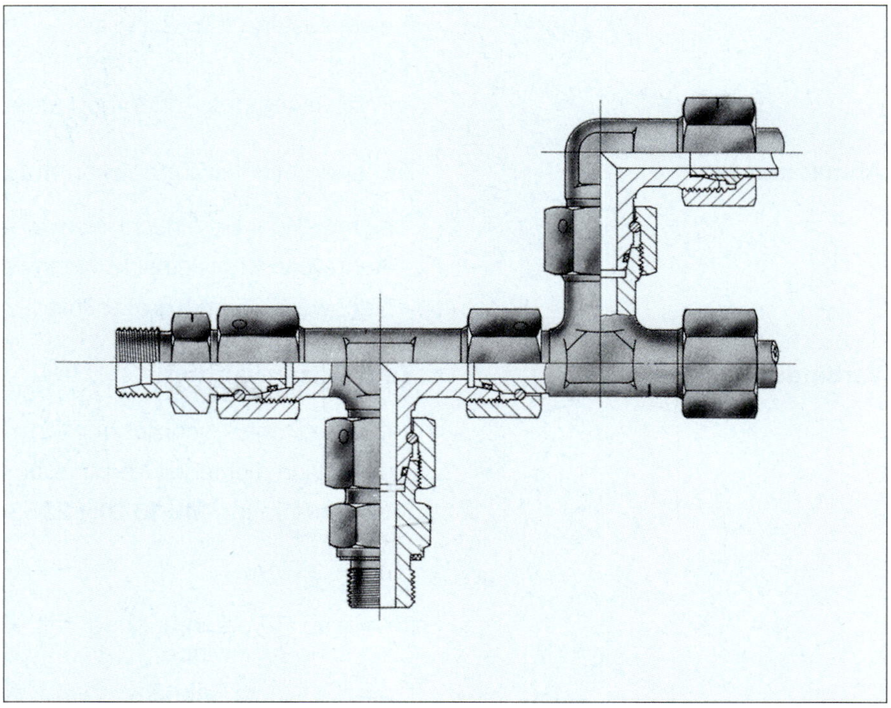

Bild 5.29

Verlegen

Präzisionsstahlrohre als Innenleitungen **dürfen** nur für die Auf-Putz-Verlegung verwendet werden. Sie sollen nur in trockenen Räumen verlegt werden.

In der üblichen Installationstechnik kann der Dübel höchstens mit der Kraft von 100 N (Newton) belastet werden. Dies entspricht einem Gewicht von 10 kg. Aus der nachstehenden Tabelle können die Befestigungsabstände für Präzisionsstahlrohre entnommen werden.

Befestigungstabelle

Rohr-Außen-Durchmesser	8	12	15	18	≧22
Befestigungsabstand (m)	1,5	2,0	2,5	3,0	3,5

Tabelle 5.9

Montagehinweise

Zur Erzielung einer einwandfreien Schneidringverbindung sind folgende Arbeitsgänge zu beachten:

1. Rohr rechtwinklig absägen, innen und außen entgraten.
2. Gewinde und Konus am Schraubstutzen, Gewinde in der Überwurfmutter und den Schneidring gut einölen. (Kein Fett verwenden).
3. Überwurfmutter und Schneidring über das Rohrende schieben, wobei darauf zu achten ist, daß der abgeschrägte breite Rücken des Schneidringes der Überwurfmutter zugewandt ist und die Schneidkante dem Rohrende.
4. Rohr mit Überwurfmutter und Schneidring in den Konus des Verschraubstutzens einführen. Rohr bis gegen den Anschlag drücken und Überwurfmutter mit der Hand bis zur fühlbaren Anlage anziehen, dann mit dem Schraubenschlüssel die Überwurfmutter 11/2 Umdrehungen anziehen. Hierbei schneidet der Ring in das Rohr ein.
5. Nach erfolgtem Endanzug ist die Überwurfmutter noch einmal zu lösen und zu kontrollieren, ob sich der Schneidring in das Rohr eingeschnitten hat. Es ist dabei bedeutungslos, wenn der Ring am Rohrende gedreht werden kann. Das Wiederherstellen der Verbindung ist dann ohne erhöhten Kraftaufwand vorzunehmen. Nach Möglichkeit sollten die Verbindungen für Rohre über 8 mm im Schraubstock vormontiert werden. Bei abzubiegenden Rohren soll das gerade Rohrende eine Mindestlänge von 2 Überwurfmutternähten behalten.

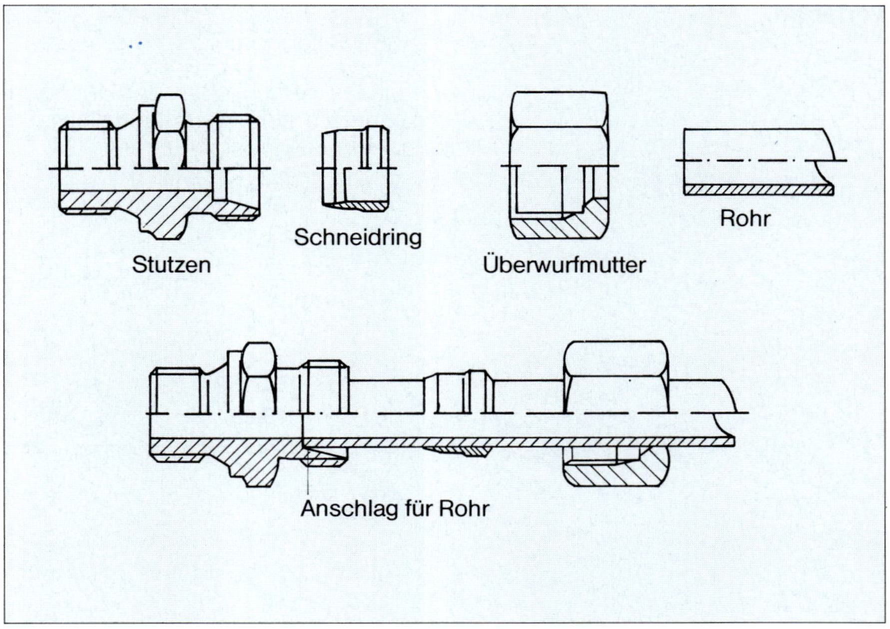

Bild 5.30

5.2.5 Innenleitungen mit einem Betriebsdruck ≦ 1 bar

Korrosionsschutz

Rohre und Rohrverbindungen sind von Öl und Fett zu befreien und mit einem Schutzanstrich mit Kunstharzlack (z.B. auf Alkydharzbasis), Schichtdicke mind. 40 μm zu versehen.

Soweit die Rohre mit einer werksseitigen **galvanischen Verzinkung** versehen sind, gilt dieser Schutz **nicht als** Korrosionsschutz, sondern nur als Lagerschutz.

Die Farbenauswahl hat nach DIN 2403 (d.h. entsprechend dem Durchflußstoff) zu erfolgen.
– Rohrleitungen in der Gasphase in gelb nach DIN 5381, Farbmuster RAL 1012 –.

Rohrleitungen aus Kupfer

Zugelassen sind:

Rohrleitungen aus Kupfer

„Installationsrohre aus Kupfer“, nahtlos gezogen nach **DIN 1786** in SF-Cu F.

Bestellbeispiel:

. . . m Rohr **DIN 1786** – SF-Cu F 37 22 x 1 Lg . . . m *)

*) Für Leitungen, die unter Putz bzw. verdeckt verlegt werden, sind Leitungen mit PVC-Stegmantel zu verwenden. Freiverlegte Leitungen können mit und ohne Stegmantel verlegt werden.

Verbindungen

Verbindungen müssen in gleicher Weise wie in Abs. 5.2.1, wie für Außenleitungen beschrieben, ausgeführt werden.

Bei unter Putz oder verdeckt verlegten Kupferrohrleitungen soll die Anzahl der **Verbindungen minimiert** werden. Eine gute Zugänglichkeit und Prüffähigkeit (Dichtheitsprobe) ist zu gewährleisten.

Verlegen

Für das Verlegen gelten die Aussagen für Außenleitungen und erdgedeckte Außenleitungen.

Für das Verschließen der Hohlräume bei unter Putz und verdeckt verlegten Leitungen sind Baumaterialien zu verwenden, die formbeständig sind und zu keiner Korrosion führen.

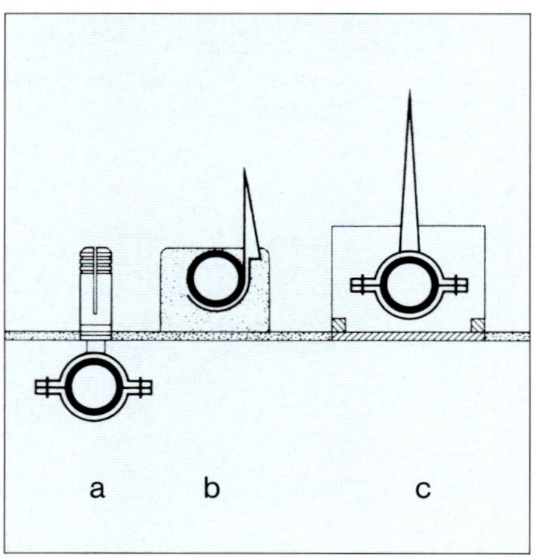

a – freiliegend auf Abstand
b – unter Putz ohne Hohlraum
c – in Schächten bzw. Kanälen

Bild 5.31

Befestigungstabelle	
Außendurchmesser mm	Befestigungsabstand m
8	1,00
12	1,25
15	1,25
18	1,50
22	2,00
28	2,25
35	2,75
42	3,00
54	3,50
64	4,00

Tabelle 5.10

Verlegungsbeispiel

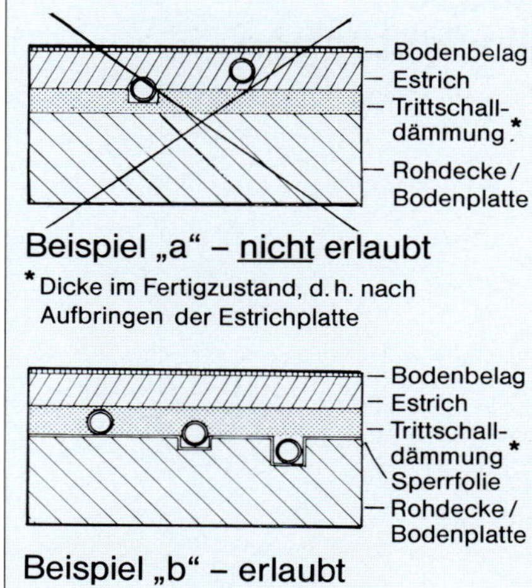

Bild 5.32

Korrosionsschutz

Für den Korrosionsschutz gelten die gleichen Aussagen wir für Rohrleitungen aus Präzisionsstahlrohren.

5.3 Absperreinrichtungen

Absperreinrichtungen für Flüssiggas in Versorgungs- und Verbrauchsanlagen einschließlich Hauptabsperreinrichtung sind nach **DIN 4817** genormt und müssen vom **DVGW anerkannt** sein.

Diese Norm gilt für handbetätigte Absperreinrichtungen der Nenndruckstufe PN 4 und PN 16 bis einschl. Nennweite DN 25 für Flüssiggas nach DIN 51622 in gasförmigem und flüssigem Zustand.

Die Absperreinrichtungen müssen mit folgenden Angaben dauerhaft gekennzeichnet sein:

- Hersteller und / oder eingetragenes Warenzeichen
- Typenbezeichnung
- DIN-DVGW-Zeichen mit Registernummer
- Durchflußrichtung (falls für die Funktion von Bedeutung)
- Nenndruckstufe z. B. **PN 4** oder **PN 16**

Aus Platzgründen kann auf die Typenbezeichnung und die Registernummer verzichtet werden, wenn diese Angaben in den Druckschriften erwähnt sind.

Für höhere Drücke und größere Nennweiten gelten die entsprechenden Normen. Bei Flüssiggasanlagen sind unterschiedliche Druckstufen möglich und die Absperreinrichtungen sind entsprechend auszulegen.

Die Absperreinrichtungen, die mit dem Behälterdruck beaufschlagt werden oder in Leitungen der Flüssigphase eingebaut sind, müssen für **PN 25** ausgelegt werden.

Die Absperreinrichtungen zwischen 1. und 2. Regelstufe müssen für **PN 16** ausgelegt werden.

Die Absperreinrichtungen nach der 2. Regelstufe müssen für **PN 4** ausgelegt werden.

5.3 Absperreinrichtungen

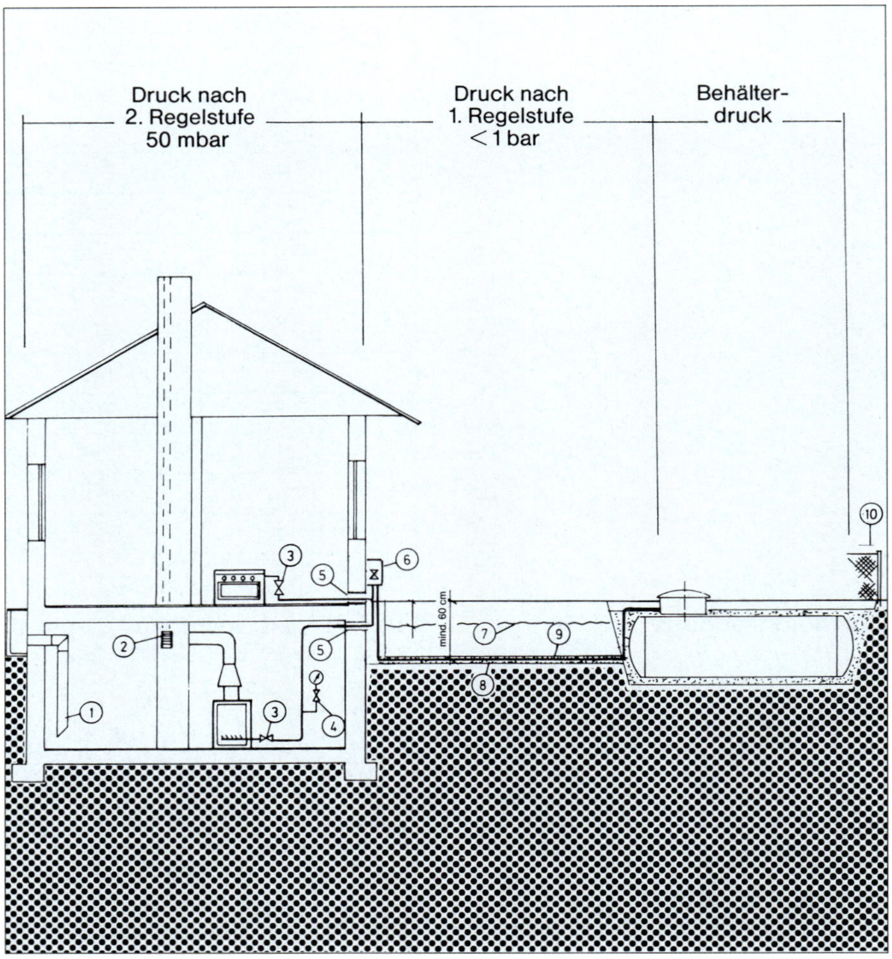

1. *Zuluft*
2. *Abluftkamin*
3. ***Geräteabsperreinrichtung***
4. *Prüf- und Kontrolleinheit*
5. *Hauseinführung*
6. ***Regler-Armaturengruppe (RAG) mit Hauptabsperreinrichtung***
7. *Gaswarnband*
8. *Sandbett 10 cm allseitig*
9. *Kupferrohr mit Korrosionsschutz*
10. *Einzäunung bzw. Anfahrschutz wenn notwendig*

Bild 5.33

Absperreinrichtungen dienen zur Unterbrechung der Gasversorgung, z. B. bei Störungen, Reparaturen, Wartungsarbeiten sowie Prüfungen von Rohrleitungsabschnitten.

Bei der Montage ist auf eine gute Zugänglichkeit, Auswechselbarkeit und Bedienbarkeit zu achten. Die Offen- und Geschlossen-Stellung sollte leicht erkennbar sein.

Beispiele der in der Praxis vorwiegend verwendeten Absperreinrichtungen:

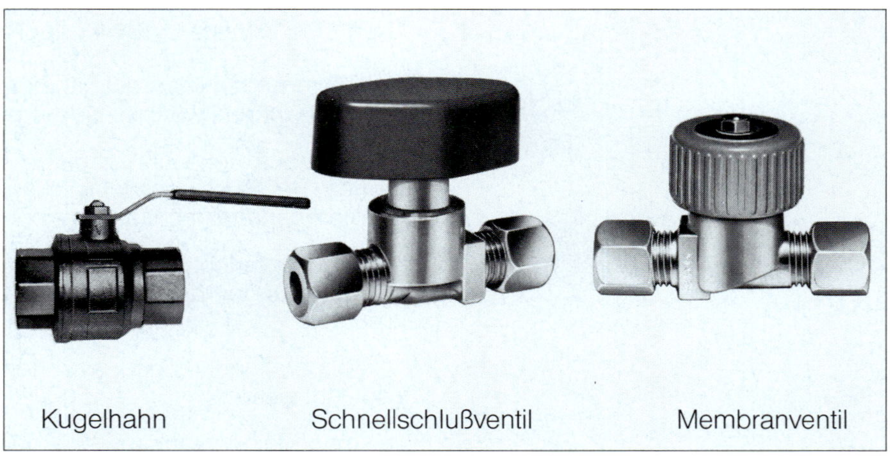

Bild 5.34

Absperreinrichtungen werden eingesetzt als

- Hauptabsperreinrichtung
- Geräteabsperreinrichtung
- Streckenabsperreinrichtung (z.B. bei der Versorgung mehrer Wohneinheiten in einem Gebäude muß in jede Zuleitung eine Absperreinrichtung eingebaut werden).

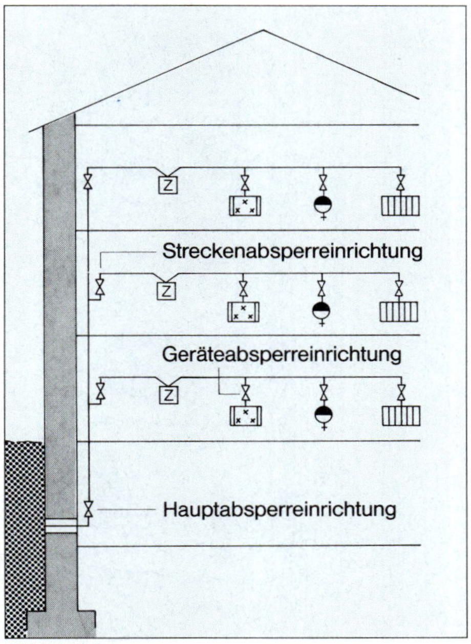

Bild 5.35

5.4 Hauptabsperreinrichtung

Die Hauptabsperreinrichtung dient zur Trennung der Verbrauchsanlage von der Versorgungsanlage.

Diese Hauptabsperreinrichtung muß an gut zugänglicher Stelle unmittelbar an der Gebäudeeinführung angebracht werden. Der besseren Zugänglichkeit halber sollte der Einbauort vor der Hauseinführung außerhalb des Gebäudes sein.

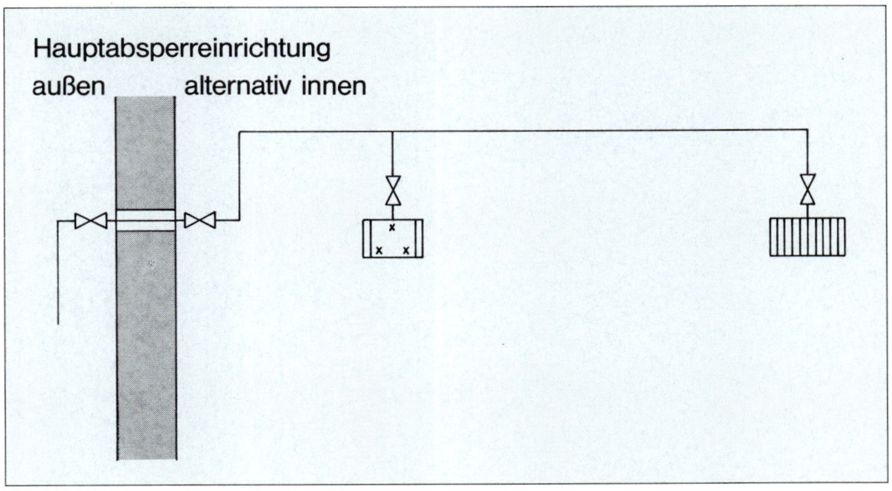

Bild 5.36

5 Leitungsanlagen

5.4 Hauptabsperr-einrichtung

Schutzschrank für Auf- und Unterputzmontage, bestehend aus:

- *Isolierstück*
- ***Hauptabsperreinrichtung***
- *Filter*
- *Sicherheitsabsperrventil*
- *Regler 2. Stufe*
- *Absperreinrichtung nach Regler 2. Stufe*
- *Magnetventil stromlos geschlossen (für Gasgeräte, die in Räumen unter Erdgleiche aufgestellt sind)*
- *Prüfanschluß*

Diese Teile sind fertig im Schutzschrank montiert mit Lötnippel für Kupferrohranschluß.

Für Flüssiggasanlagen mit ortsfesten Behältern stehen verschiedene Regler-Armaturen-Gruppen (RAG) für die 2. Regelstufe zur Verfügung.
Die Montage erfolgt außerhalb des Gebäudes – auf oder unter Putz.

In dieser RAG befindet sich die Hauptabsperreinrichtung, zusammen mit den anderen Armaturen, gut zugänglich und für jedermann erreichbar.

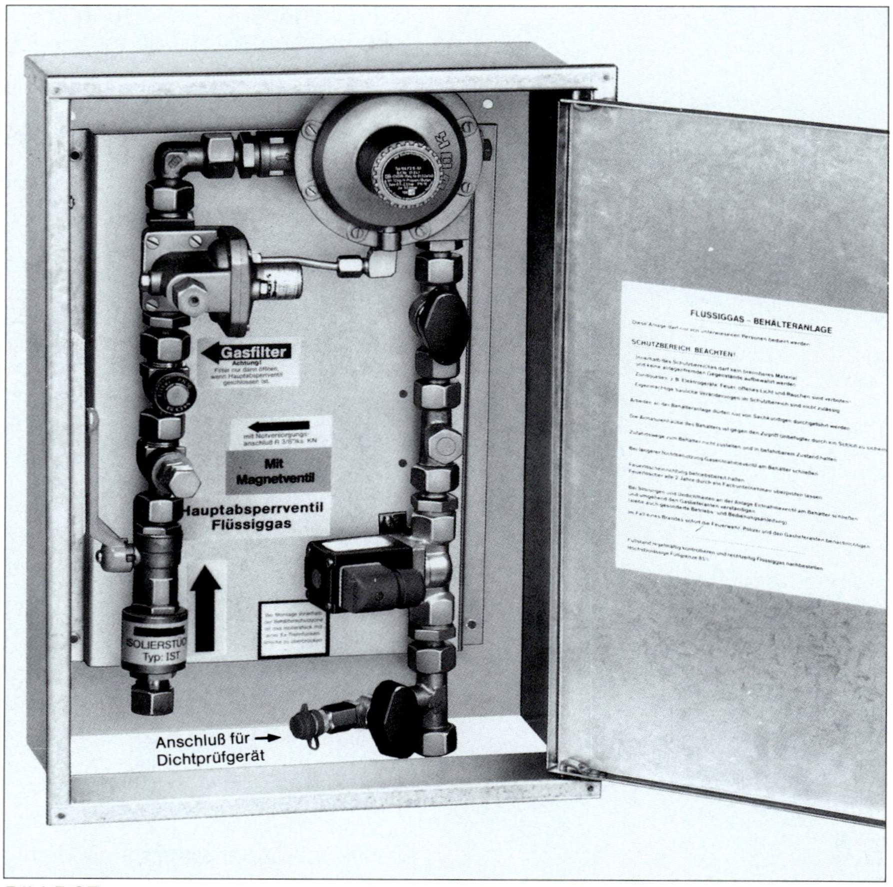

Bild 5.37

Bild 5.38

5.4.1 Geräteabsperr-einrichtungen

Die Geräteabsperreinrichtungen dienen zur Trennung der Gasgeräte von der Verbrauchsleitung. Die Anordnung muß an gut zugänglicher Stelle und unmittelbar am Gerät sein.

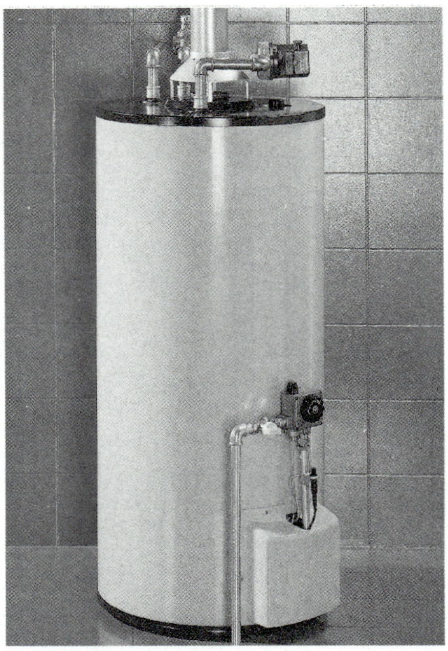

Bild 5.39

Bild 5.40

Bild 5.41

Bild 5.42

5.4.2 Sonderfälle von Geräteabsperreinrichtungen

Auf eine Geräteabsperreinrichtung kann verzichtet werden, wenn sich die Hauptabsperreinrichtung oder eine Flasche in demselben Raum in engem räumlichen Zusammenhang mit dem Gasgerät befindet.

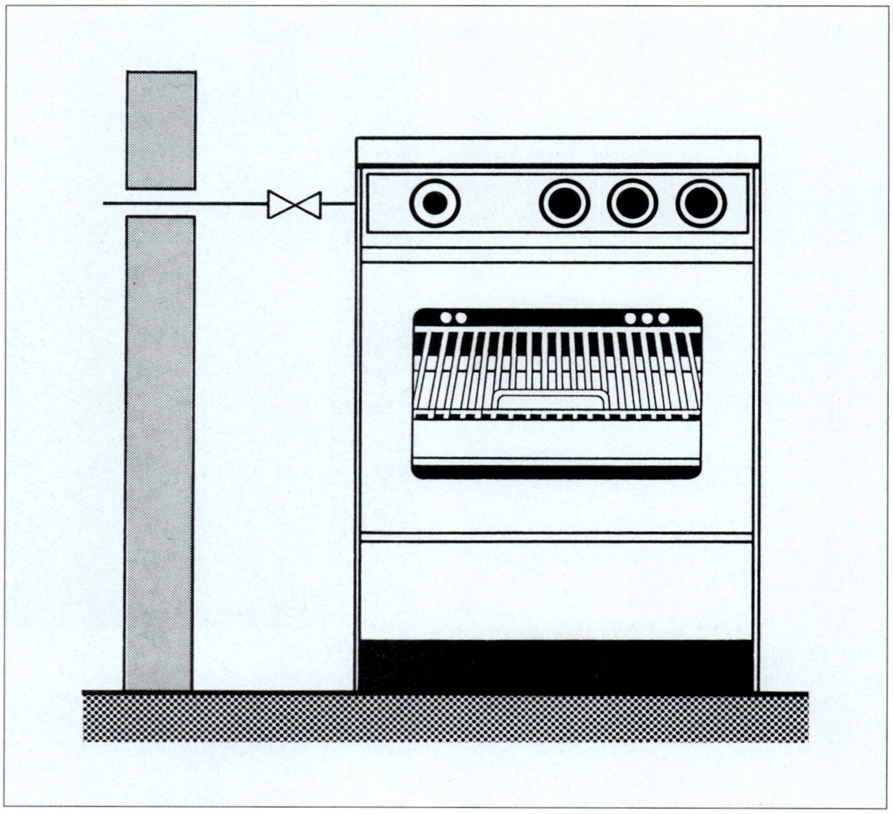

Hauptabsperreinrichtung ist gleichzeitig Geräteabsperreinrichtung

Bild 5.43

Flaschenventil ist gleichzeitig Haupt- und Geräteabsperreinrichtung

Bild 5.44

5.5 Hauseinführung

Die Hauseinführung muß so ausgeführt sein, daß die Rohrleitung nicht durch mechanische und statische Belastungen durch Erd- und Gebäudesetzungen gefährdet wird.

Die Abdichtung, sowohl zwischen Schutzrohr und Rohrleitung, sowie zwischen Schutzrohr und Mauerwerk, muß gas- und wasserdicht ausgeführt sein.

Achtung! Vor Einbau der Rohrleitung in die Hauseinführung ist der Korrosionsschutz zu prüfen.

Für das Schutzrohr sind korrosionsbeständige Rohre, z. B. Kunststoff, zu verwenden.

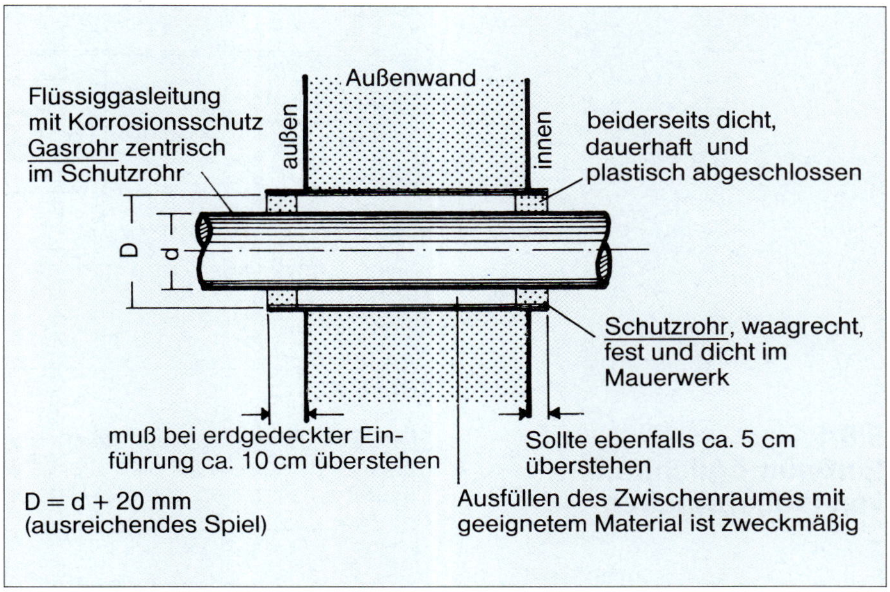

Bild 5.45

5.6 Isolierstücke

Das Isolierstück dient zur Trennung der elektrischen Leitfähigkeit zwischen einer erdgedeckten metallenen Außenleitung sowie dem erdgedeckten Flüssiggas-Lagerbehälter von der Gasinnenleitung. Isolierstücke müssen DIN 3389 entsprechen und DIN-DVGW anerkannt sein.

Da die Gasinnenleitungen an die Potentialausgleichsschiene angeschlossen werden müssen, sollen Isolierstücke das Verschleppen von Fehlerströmen aus dem Wechselstromversorgungsnetz zum Flüssiggas-Lagerbehälter verhindern. Durch Isolierstücke wird auch die Korrosionsgefahr für erdverlegte metallene Gasleitungen und Flüssiggas-Lagerbehälter durch verschleppte Streuströme aus Gleichstromanlagen und durch Elementbildung über die Verbindung der Gasinnenleitungen mit Erdern aus verschiedenen Werkstoffen und insbesondere Stahlbetonbauten verringert.

Sofern ein Flüssiggas-Lagerbehälter kathodisch geschützt ist, dürfen die in seinen kathodischen Schutz einbezogenen Rohrleitungen keine Verbindung zu anderen geerdeten Bauteilen haben. Sie müssen in Wanddurchführungen isoliert verlegt und mit Isolierstücken ausgerüstet sein. Fülleitungen sind auch in den kathodischen Korrosionsschutz einzubeziehen und mit Isolierstücken auszurüsten (siehe Bild 5.46).

Dies trifft auch für den Fall zu, wenn ein nachträglicher Einbau einer kathodischen Korrosionsschutzanlage an einem Behälter erfolgt!

5.6 Isolierstücke

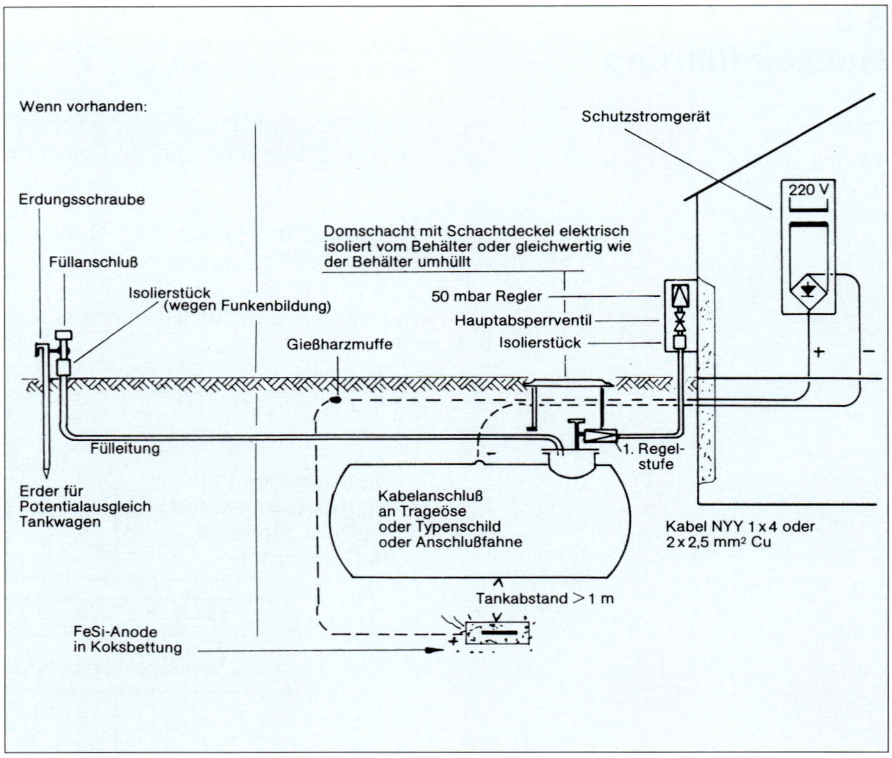

Bild 5.46

5.6.1 Einbaumöglichkeiten von Isolierstücken

Der Einbau von Isolierstücken hat unmittelbar an der Hauseinführung zu erfolgen. Dabei bietet sich die Verwendung von Regler-Armaturen-Gruppen (RAG) an, in denen das ISO-Stück mit eingebaut ist.

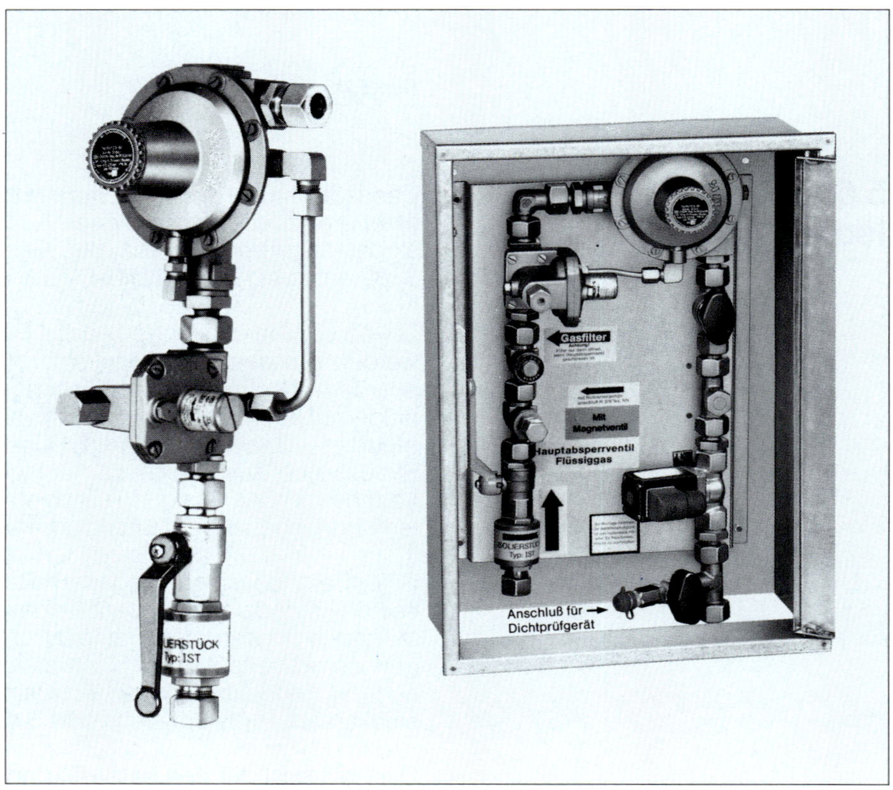

Bild 5.47

5.6.1 Einbaumöglichkeiten von Isolierstücken

Eine weitere Möglichkeit wäre der Einbau des ISO-Stückes unmittelbar nach Eintritt der Gasleitung ins Gebäude.

Bild 5.48
a: ISO-Stück und Hauptabsperreinrichtung getrennt
b: ISO-Stück und Hauptabsperreinrichtung als ein Bauteil - (ISO-Kugelhahn)

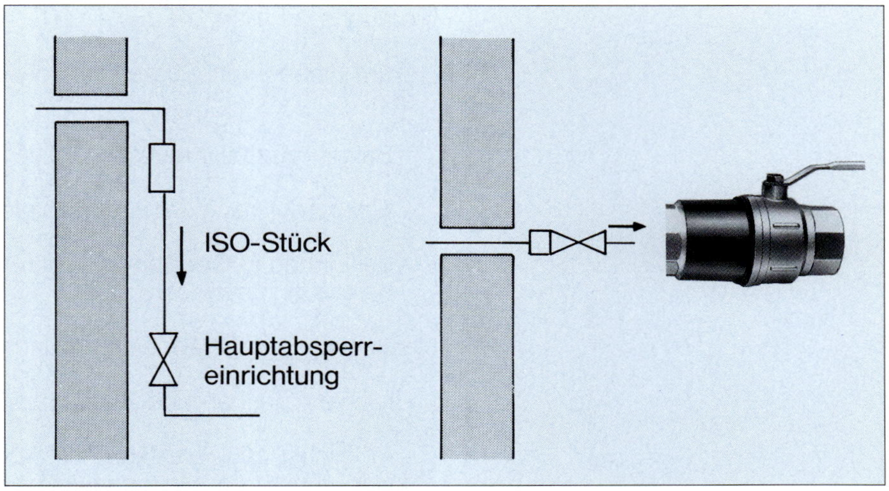

Bild 5.48 a *Bild 5.48 b*

5.6.2 Verschiedene Arten von Isolierstücken

Bild 5.49
Anschlüsse:
R 1/2" innen einerseits
R 1/2" außen andererseits
DIN-DVGW geprüft

Bild 5.50
Anschlüsse beidseitig Schneidringverschraubung
DIN-DVGW geprüft

Bild 5.49

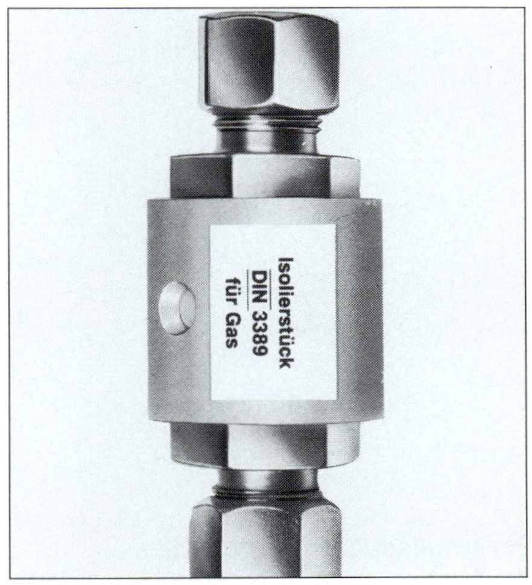

Bild 5.50

Bild 5.51
ISO-Flansch

Bild 5.52
Trenn-Funkenstrecke am Isolierflansch montiert

Bild 5.51

Werden ISO-Stücke in explosionsgefährdeten Bereichen eingebaut, so sind sie mit einer EX-Funkenstrecke zu überbrücken.

Bild 5.52

Trenn-Funkenstrecke
für Ex-Bereiche
Sonderschutzart (Ex) s
nach VDE 0171, § 49
Zündgruppe G4,
Ausführung: St

5.7 Gaszähler

Gaszähler dienen zur Mengenermittlung von Flüssiggas im gasförmigen Zustand unter Betriebsbedingungen.
Gaszähler werden hauptsächlich für die Abrechnung von mehreren Verbrauchseinheiten, die aus einer Behälteranlage versorgt werden, eingesetzt.

Beim Einbau von Gaszählern müssen folgende Punkte berücksichtigt werden:

- Balgengaszähler müssen DIN 3374 entsprechen,
- Einbau nur nach der 2. Regelstufe (50 mbar),
- bei Einbau in **Gebäuden** sind nur Zähler mit erhöhter thermischer Belastbarkeit (t) zugelassen,
- Schutz gegen Wärmeeinfluß und mechanische Beanspruchung,
- leichte Ablesbar- und Zugänglichkeit,
- möglichst gleichmäßige klimatische Bedingungen am Aufstellungsort wegen besserer Meßgenauigkeit,
- spannungsfreier Anschluß mit z. B. Zähleranschlußplatten.

Haushaltsgaszähler, gefalzte und geschraubte Ausführung

Bild 5.53

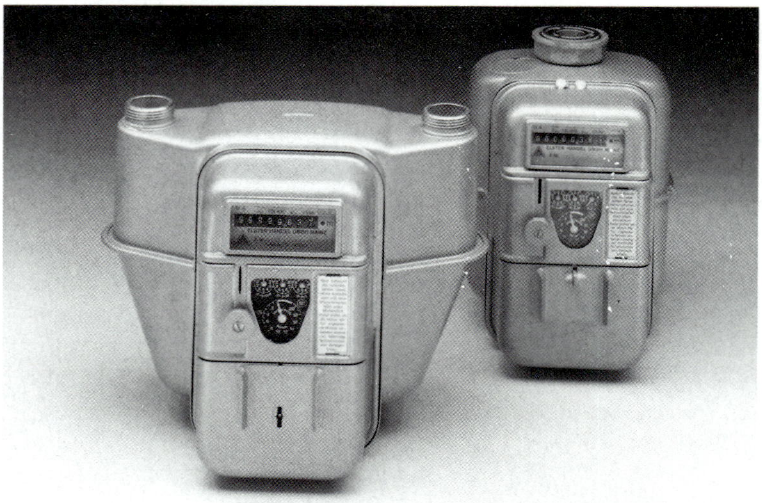

Münzgaszähler

Bild 5.54

5.7.1 Maße und Daten

Für die Gaszähler gelten die Maße der Tabelle 5.13

Zweistutzen-Gaszähler

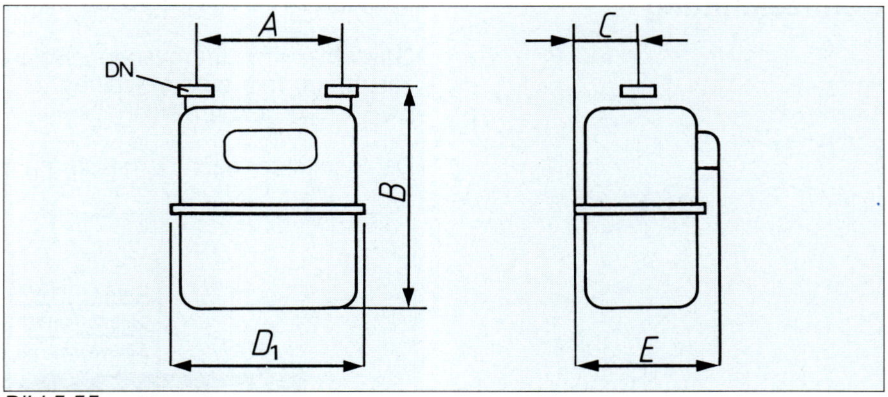

Bild 5.55

Einstutzen-Gaszähler

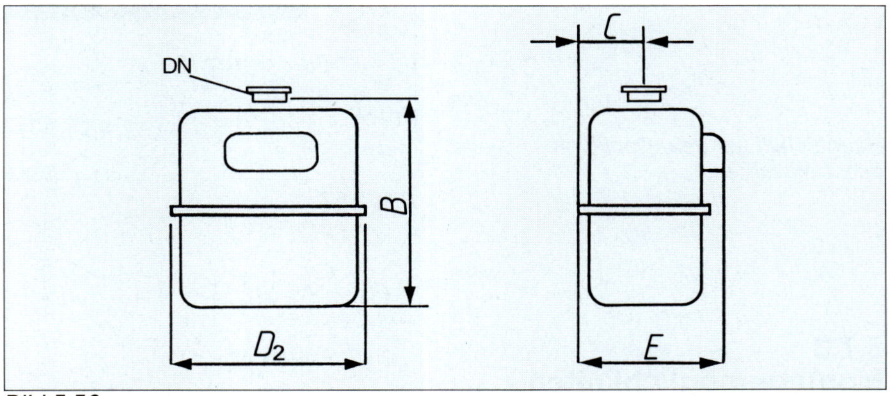

Bild 5.56

Maße der Gaszähler

1	2		3	4	5	6	7	8		9	10	11	12	13
Gas-zähler-größen	Q_{max}		Nennweite DN Zwei-stutzen Gaszähler		Ein-stutzen Gaszähler		An-anschluß-art	Stutzen-abstand		Baumaße				
	dm³/s	m³/h	*)		*)			A	zul. Abw.	B max.	C max.	D_1 max.	D_1 max.	E max.
G2,5	1,11	4	25		25			160						
G 4	1,67	6	25	20	25	32		250		300	100	350	270	300
G 6	2,78	10	25	32	25	32	Ver-schrau-bung	250	± 0,5	370	110	350	270	320
G 10	4,44	16	40	32	40			280		450	120	425	425	340
G 16	6,94	25	40		40			280		450	150	425	425	340
G 25	11,1	40	50		40			335	± 1,2	550	180	475	475	460
G 40	18,1	65	80	65	80	65		510		780	200	875	620	500
G 65	27,8	100	80	100	80			640	± 2	900	250	900	650	600
G 100	44,4	160	100		100		Flansch	710		1100	280	1000	800	660
G 160	69,4	250	150		150			950		1200	380	1300	950	860
G 250	111	400	200		200			1050	± 3	1500	430	1450	1050	960

*) Die Werte sind Vorzugswerte.

Tabelle 5.13

5.7.2 Kennzeichnung

Gaszähler müssen an gut sichtbarer Stelle eine dauerhafte Kennzeichnung und das DIN-DVGW-Zeichen mit Registernummer tragen.

Gaszähler mit thermischer Belastbarkeit müssen auf dem Hauptschild zusätzlich mit einem kleinen „t" nach der DIN-DVGW-Registernummer werksseitig gekennzeichnet sein.

Die Sichtfelder nach dem Komma müssen rot umrandet sein.

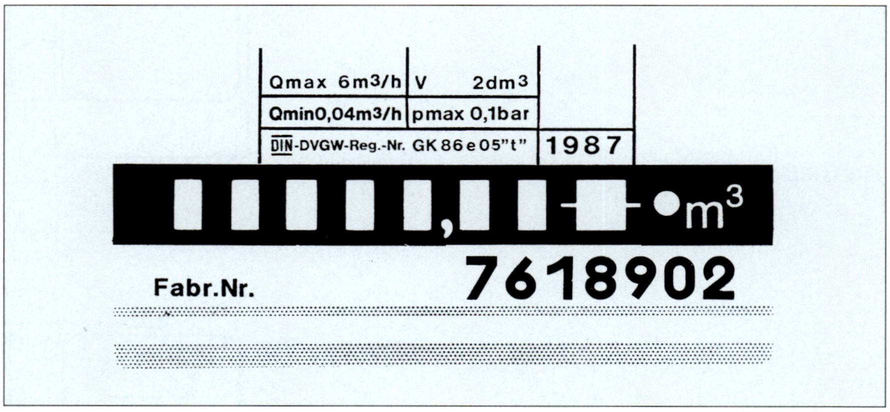

Hauptschild auf dem Deckblatt des Zählwerkes

Bild 5.57

5.7.3 Montagemöglichkeiten von Gaszählern

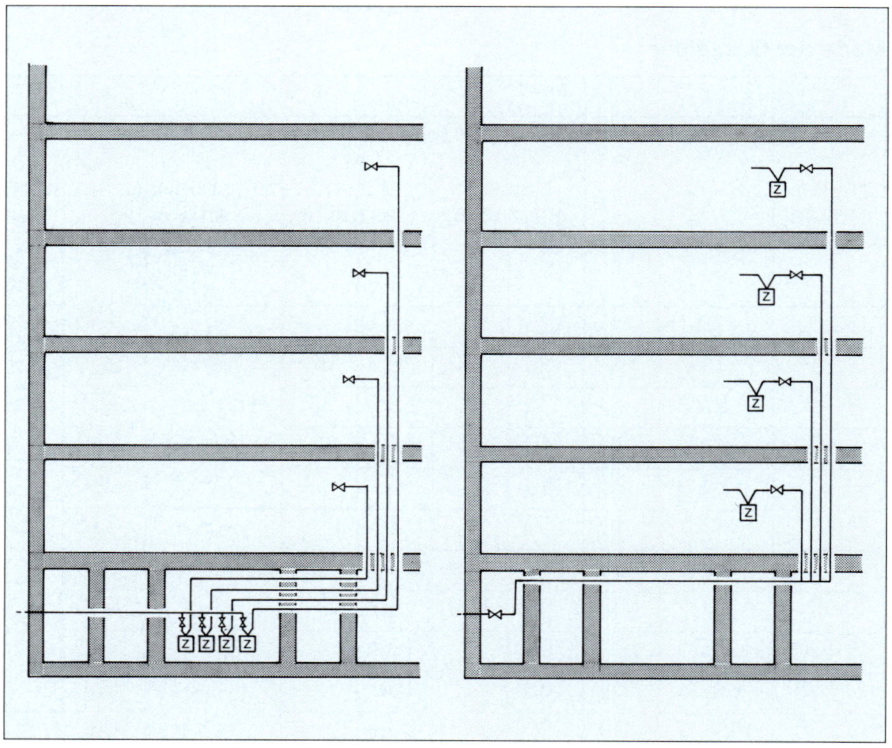

Bild 5.58

5.8 Rohrweiten

Für die Rohrdimensionierung ist zu unterscheiden zwischen:

- Behälterdruck
- Druck nach der 1. Regelstufe (z. B. 0,8 bar oder 0,09 bar)
- Druck nach der 2. Regelstufe (z. B. 50 mbar)

5.8.1 Rohrweite nach der 1. Regelstufe

Zur Reduzierung des Behälterdruckes muß unmittelbar am Gasentnahmeventil ein Druckregelgerät – 1. Regelstufe – montiert werden. Die Rohrdimensionierung für den Rohrleitungsabschnitt von der 1. Regelstufe bis zur 2. Regelstufe ist unter Berücksichtigung des Belastungswertes und der Leitungslänge den Bildern 5.59 und 5.60 zu entnehmen.

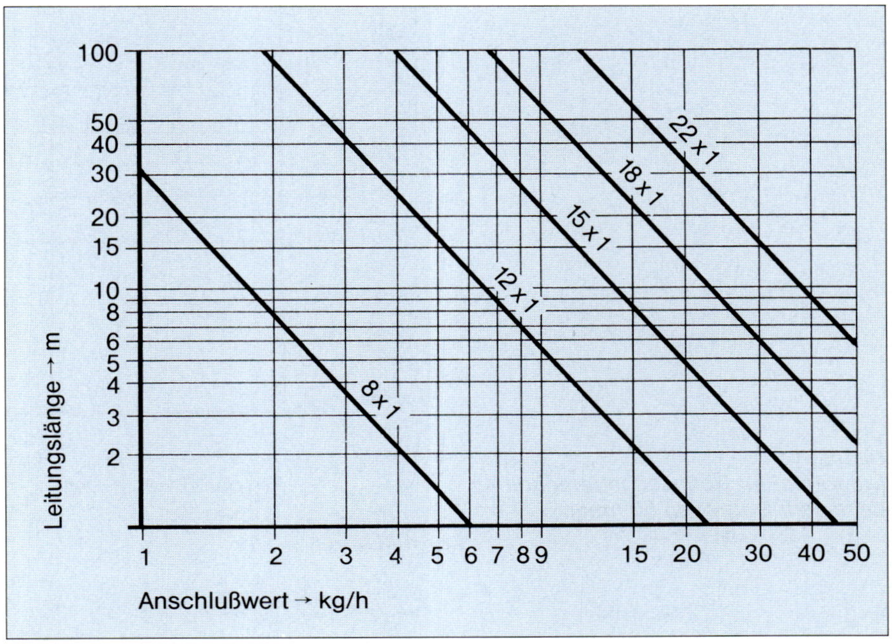

Bild 5.59

Bild 5.59
Diagramm für Rohrweitenberechnung bei einem Druck von 0,8 bar

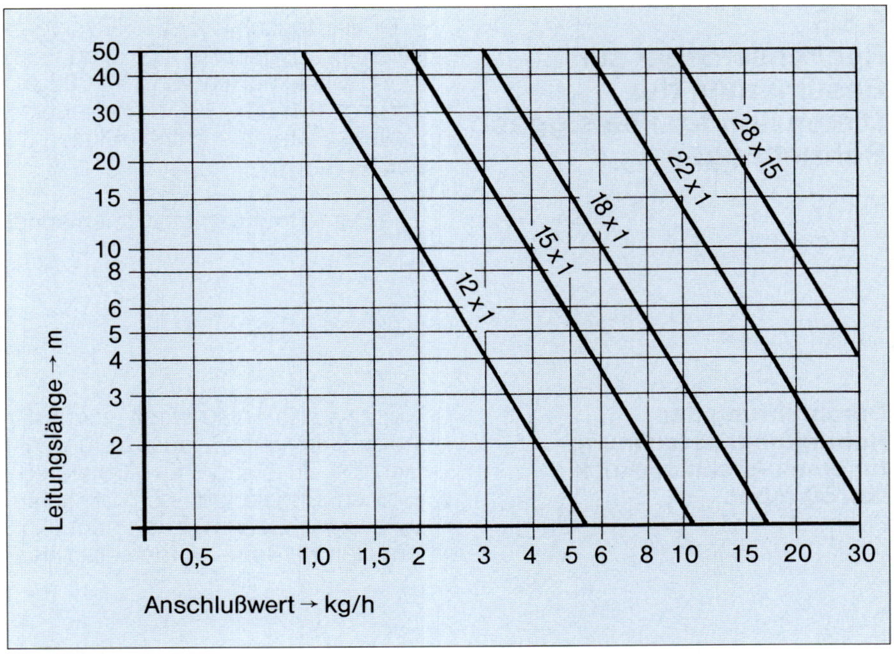

Bild 5.60

Bild 5.60
Diagramm für Rohrweitenberechnung bei einem Druck von 0,09 bar

5.8.2 Rohrweite nach der 2. Regelstufe

Die Rohrdimensionierung für den Rohrleitungsabschnitt von der 2. Regelstufe bis zum Gasgerät, ist unter Berücksichtigung des Anschlußwertes und der Leitungslänge dem Bild 5.61 zu entnehmen.

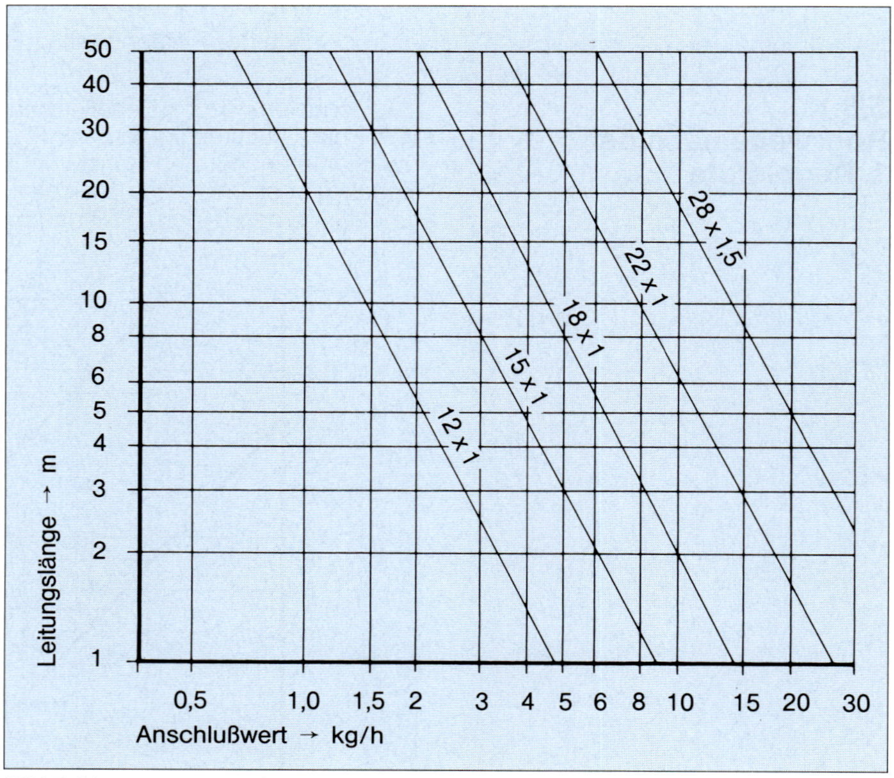

Bild 5.61

Bild 5.61
Diagramm für Rohrweitenberechnung bei einem Druck von 50 mbar

5.8.3 Rechenschieber zur Bestimmung der Dimension für Flüssiggas-Rohrleitungen

Der Rechenschieber für Flüssiggas-Rohrleitungsberechnung ist als Zweiseitenstab ausgebildet. Die Vorderseite – Seite (I) – gestattet die Berechnung von Rohrleitungen von 1–1000 m Länge bei Flüssiggas-Durchsätzen (gasförmig) von 0,5–100 kg/h bei einem Arbeitsdruck von 50 mbar. Die Rückseite – Seite (II) – enthält Skalen zur Umrechnung auf andere Arbeitsdrücke bis 3 bar.

Die Berechnungsmethode entspricht den TRF.

Durchführung der Rohrleitungsberechnung für einen Anschlußdruck von 50 mbar

Für einfache Anlagen mit einem Verbrauchsgerät ist die Rohrleitungsberechnung sehr einfach durchzuführen. Es ist die Leitungslänge festzustellen, zu der die Zuschläge für Armaturen und Fittings addiert werden. Mit dieser Berechnungslänge, dem Anschlußwert des Gerätes und dem maximal zulässigen Gesamtdruckverlust kann dann die erforderliche Rohrweite sofort ermittelt werden – Vorderseite des Rechenschiebers (I):

Beispiel für die Ermittlung der Berechnungslänge:

Leitungslänge	4 m
2 St. Absperrventile á 2 m	4 m
4 St. Winkelstücke á 0,5 m	2 m
	10 m

vgl. TRF 1988 Anhang 5

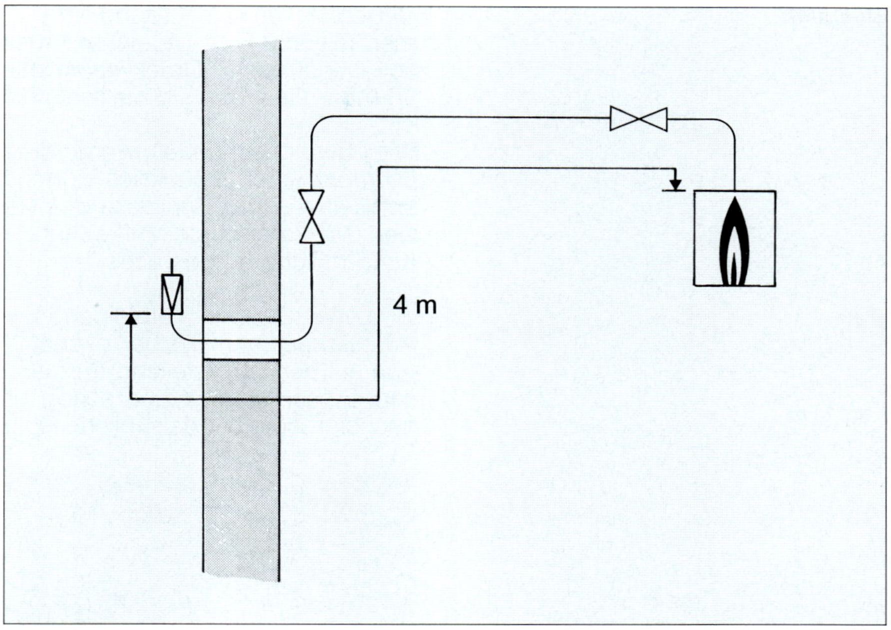

Bild 5.62

Beispiel:

Gegeben sei eine Leitung von 10 m Berechnungslänge, in welcher stündlich 2 kg Flüssiggas durchgesetzt werden sollen. Da der zulässige Druckverlust in einer Rohrleitung im allgemeinen 5 % vom Anschlußdruck (50 mbar) betragen darf, muß also mit einem Gesamtdruckverlust von 2,5 mbar gerechnet werden. Gesucht wird die lichte Rohrweite.

Man stelle 2 kg/h auf der oberen Zungenteilung (2) unter 10 m auf der oberen Körperteilung (1). Unterhalb von 2,5 mbar der unteren Zungenteilung (3) – hier befindet sich außerdem eine dreieckige Marke – kann man die gesuchte lichte Rohrweite, nämlich 11,6 mm, auf der unteren Körperteilung (4) ablesen.

Die abgelesenen Werte sind Mindestrohrweiten; Zwischenwerte müssen jeweils auf die nächsthöhere handelsübliche Rohrweite aufgerundet werden.

Vorderseite

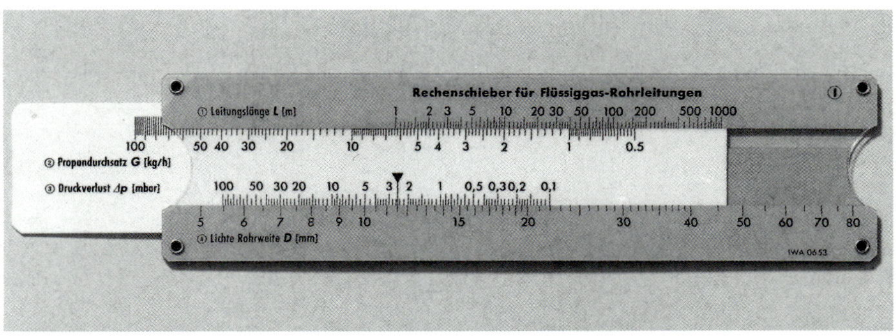

Bild 5.63

Durchführung der Rohrleitungsberechnung für einen anderen Anschlußdruck als 50 mbar

Für andere Arbeitsdrücke als 50 mbar können die lichten Rohrweiten nach folgender Methode ermittelt werden:

Die Rohrleitung wird zunächst berechnet, als ob der Arbeitsdruck 50 mbar betrüge. Dabei wird der vorgesehene prozentuale Gesamtdruckverlust zugrunde gelegt; das sind also beispielsweise 2,5 mbar, wenn der zulässige Druckverlust 5 % vom Anschlußdruck betragen darf. Die gefundenen Werte können mit Hilfe der Skalen auf der Rückseite des Rechenschiebers leicht auf die vorgesehenen Arbeitsdrücke umgerechnet werden.

Beispiel:

Gegeben sei eine Leitung von 10 m Länge, durch die eine Flüssiggasmenge von 2 kg/h bei einem Arbeitsdruck von 0,8 bar durchgesetzt werden soll. Der zulässige Druckverlust betrage 5 % vom Arbeitsdruck, das sind also 40 mbar. Gesucht wird die lichte Rohrweite.

Wie zuvor beschrieben, wurde die lichte Weite für einen Anschlußdruck von 50 mbar unter Berücksichtigung des Druckverlustes von 5 % mit 11,6 mm ermittelt. Auf der Rückseite des Rechenschiebers (II) wird nun der Zahlenwert 0,05 (dreieckige Marke) auf Zunge (5) über den Zahlenwert 11,6 auf der Körperteilung (6) gebracht.

In dieser Stellung verbleibend wird nun auf der Zungenteilung (5) der Arbeitsdruck von 0,8 bar gesucht. Unterhalb dieses Zahlenwertes 0,8 wird nun auf der Körperteilung (6) die gesuchte lichte Weite mit 6,2 mm abgelesen. Dieser Wert ist, wie schon bei vorangegangenen Beispielen, auf die nächstgrößere handelsübliche Rohrweite aufzurunden.

Rückseite

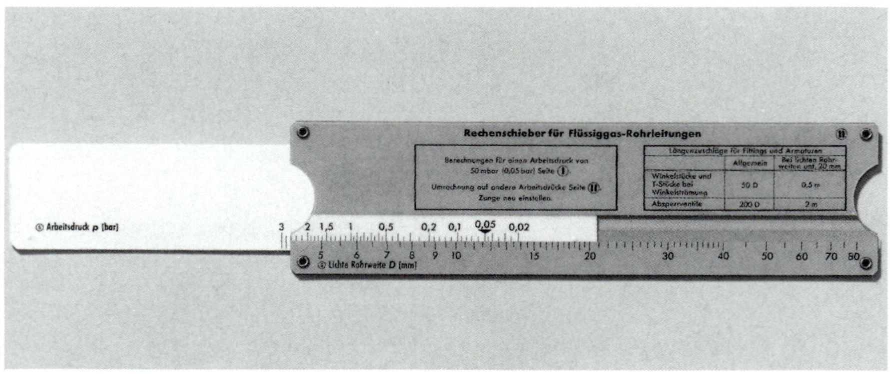

Bild 5.64

Anschluß von Gasgeräten

6

6 Anschluß von Gasgeräten

Unter dem Anschluß versteht man die Verbindung zwischen der Verbrauchsleitung und dem Gasanschluß des Gerätes.

Unterschieden werden zwei Anschlußarten und zwar „fest" oder „lösbar". Lösbar ist nicht zu verwechseln mit beweglich bzw. biegsam.

Die Grundsatzforderung lautet: Geräte sind fest anzuschließen. Eine Ausnahme besteht bei den Geräten ohne Abgasführung (Gasgeräte der Art A), diese dürfen auch lösbar angeschlossen werden.

6.1 Fester Anschluß

Unter einem festen Anschluß versteht man eine nur mit Werkzeug lösbare Verbindung der Verbrauchsleitung mit dem Gasanschluß des Gerätes. In der Regel erfolgt der feste Anschluß mittels Kupfer- oder Präzisionsstahlrohr.

Die Geräteanschlußleitung kann auch aus einem Edelstahlschlauch nach DIN 3384, sowie einer Schlauchleitung nach DIN 3383 Teil 2 mit einem Innenschlauch aus Metall bestehen.

Schlauchleitungen nach DIN 3383 Teil 2 sind für einen Betriebsüberdruck bis 100 mbar zulässig. Edelstahlschläuche nach DIN 3384 können für einen Betriebsdruck bis 16 bar eingesetzt werden.

Für Edelstahlschläuche nach DIN 3384 sind folgende Anschlüsse zulässig:

Anschlußart	Anzuwendende Norm
Gewinde alle Nennweiten bis PN 1 bis DN 50 bei $>$ PN 1 $\leqq$ PN 4	DIN 2999 Teil 1
Gewinde für Anschlüsse mit Überwurfmuttern und in Verbindung mit einem Dichtelement	DIN ISO 228 Teil 1
Lötverbindung nur hartgelötet	DIN 2856
Flansch mit glatter Dichtfläche oder mit Dichtleiste	DIN 2501 Teil 1 ANSI B 16.5 Die Blattdicke der Flansche richtet sich nach den Flanschnormen der entsprechenden Nenndruckstufe
Schweißende	DIN 3239 Teil 1
Lötlose Rohrverschraubung mit Schneidring	DIN 2353

Tabelle 6.1

Kennzeichnung

Die Schläuche sind mindestens wie folgt dauerhaft und deutlich zu kennzeichnen:

a) Hersteller und / oder eingetragenes Warenzeichen

b) Typbezeichnung

c) zulässiger Betriebsüberdruck

d) DIN-DVGW-Zeichen mit Registernummer

Einbauanleitung

Die Angaben der Kennzeichnung müssen mit den Angaben in der Einbauanleitung des Herstellers übereinstimmen. Der Hersteller hat in der Einbauanleitung darauf hinzuweisen, daß die Schläuche keinem Verdrehen ausgesetzt werden dürfen.

Beispiel:

Ringwellschlauchleitung aus Edelstahl mit Gewindeanschlüssen

Ringwellschlauchleitung aus Edelstahl mit 1-facher Edelstahldraht-Umflechtung:
einerseits Temperguß-Verschraubung mit R-Innengewinde und Kegeldichtung,
andererseits Temperguß-Sechskantnippel mit R-Außengewinde DIN 2999
Endhülse aus Stahl St 35;
hartgelötet: zulässige Betriebstemperatur bis 300°C.

DIN-DVGW zugelassen

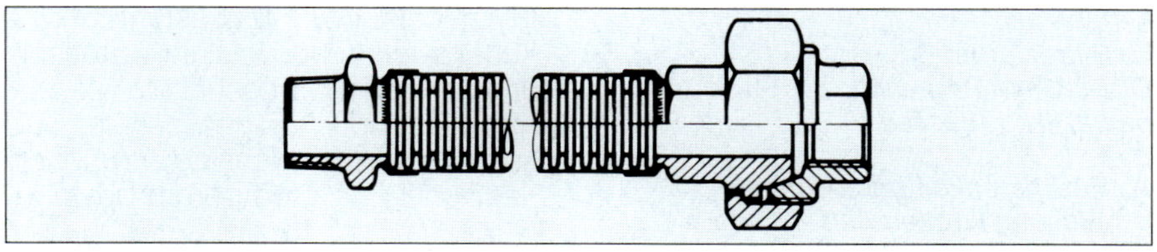

Bild 6.1

Aufbau eines Schlauches nach DIN 3383 Teil 2

Innenschlauch: gewellter Edelstahlschlauch, Werkstoff 1.4571.
Außenschlauch: Edelstahl-Agraffschlauch, Werkstoff 1.4541.
Anschlußteile: Messing, vernickelt, verchromt.
Verbindung zwischen Innenschlauch und Anschlüssen mit Silberlot.

6.2 Lösbarer Anschluß

Unter dem Ausdruck „lösbar" ist definiert: Von „Hand" lösbarer Anschluß, der aus der Sicherheits-Anschlußarmatur und der Sicherheits-Gasschlauchleitung mit Anschlußstecker nach DIN 3383 Teil 1 bestehen muß. Bei Verwendung dieser Einheit kann auf eine zusätzliche Geräteabsperreinrichtung verzichtet werden.

Die Anschlußstücke müssen mit den Schlauchenden unlösbar verbunden sein. Eine Seite besteht aus einem Anschlußstück mit Innengewinde R 1/2" nach DIN 2999 Teil 1 zum Anschluß des Gasgerätes. Die andere Seite ist mit einem Anschlußstecker mit 2 Schlitzen (Bild 6.2) versehen.

Die Anschlußarmatur ist die Einrichtung zur Aufnahme des Anschlußsteckers des Schlauches, der nur gelöst werden kann, wenn die Anschlußarmatur geschlossen ist. Die Anschlußarmatur besitzt eine Sicherung, die ein Lösen des Schlauches bei geöffneter Anschlußarmatur bzw. ein Öffnen der Anschlußarmatur bei nicht dicht geschlossenem Schlauch verhindert.

6 Anschluß von Gasgeräten

6.2 Lösbarer Anschluß

Mögliche Ausführungen von Schläuchen und Steckdosen

Innenschlauch: hitzebeständiger Kunstkautschuk.
Außenschlauch: korrosionsgeschützter Agraffschlauch.
Ummantelung: pflegeleichter PVC-Überzug, weiß.
Innenliegend: eingearbeiteter Kupferleiter.
Anschlußteile: Messing, vernickelt – verchromt.
Handgriff: temperaturbeständiger Kunststoff, grau

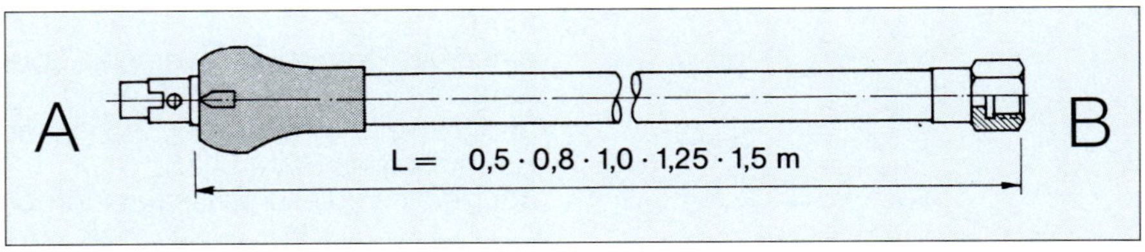

Bild 6.2

zu Bild 6.2 und 6.3
DIN-DVGW-Reg.-Nr.:
nach DIN 3383, Teil 1

A. Normstecker, pass. für alle Gassteckdosen und -hähne, DIN 3383, Teil 1.

B. Sechskantmuffe SW 24 mit festem Innengewinde R 1/2" nach DIN 2999

Innenschlauch: hitzebeständiger Kunstkautschuk.
Außenschlauch: Edelstahl-Agraffschlauch 1.4541.
Ummantelung: beschriftete Messinghülse.
Innenliegend: eingearbeiteter Kupferleiter.
Anschlußteile: Messing, vernickelt – verchromt.
Handgriff: temperaturbeständiger Kunststoff, grau

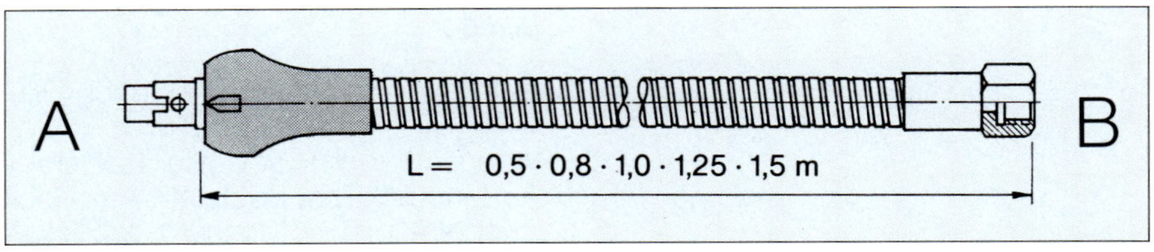

Bild 6.3

Funktion der Gassteckdose

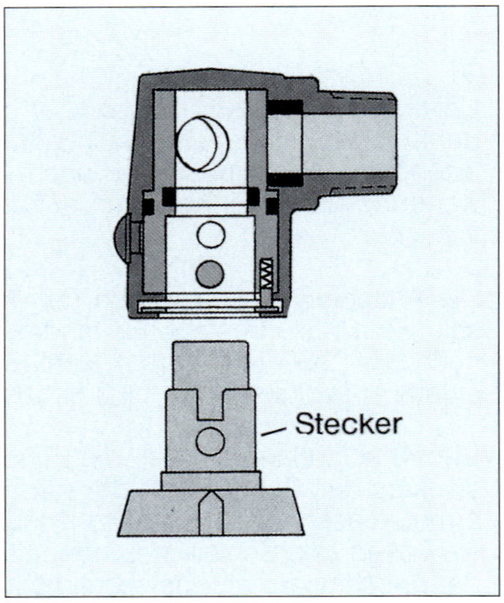

Bild 6.4

Stecker entkuppelt.
Durchgang geschlossen.

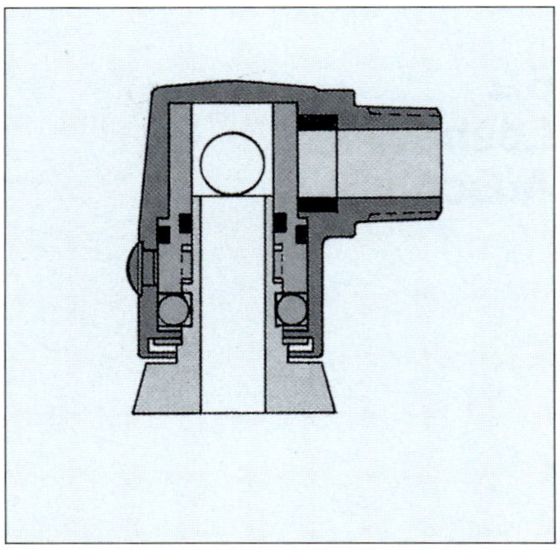

Bild 6.5

Stecker eingeführt und nach links gedreht bis zur ersten Raststellung. Der Stecker läßt sich nicht mehr lösen. Durchgang bleibt geschlossen.

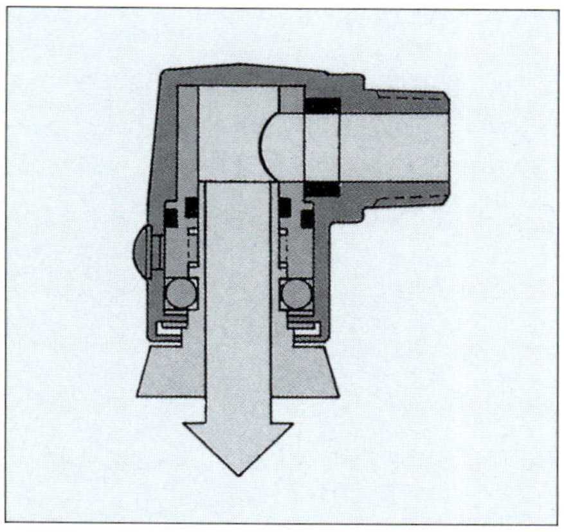

Bild 6.6

Bis Endanschlag nach links weiterdrehen. Durchgang ist offen. Stecker läßt sich nicht entkuppeln. Schließen des Durchganges und Entkuppeln des Steckers durch Drehen in entgegengesetzte Richtung.

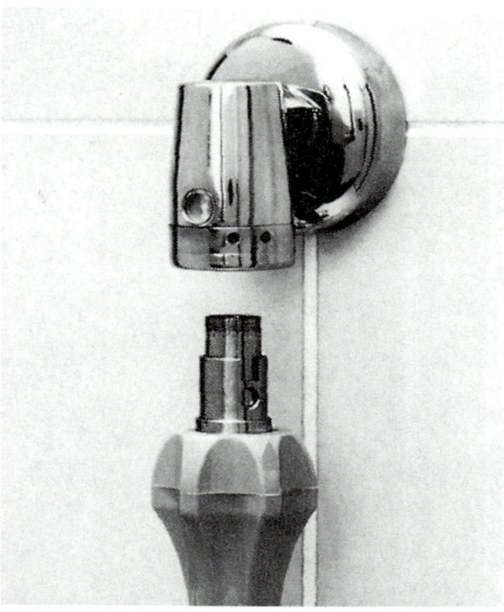

Bild 6.7

Type nach DIN 3383 Teil 1, DIN-DVGW-Reg.-Nr.:
Zum Anschließen von Sicherheits-Allgasschläuchen mit Normstecker nach DIN 3383 Teil 1. Für Stadtgas, Erdgas, Flüssiggas und Flüssiggas-Luftgemisch.

Mühelos, schnell und sicher können Gasgeräte wie Herde, Kocher, Backöfen, Grills, Kühlschränke, Waschmaschinen etc. an die Gasleitung angeschlossen oder von ihr getrennt werden.

Ein Entkuppeln bei geöffneter Gaszufuhr ist ausgeschlossen!

Das magische Auge zeigt zuverlässig an, ob der Gasdurchgang offen oder geschlossen ist.

Bild 6.8

Stellung 1 (magisches Auge zeigt „Rot“ mit Pfeil).
Stecker so einführen, daß die Markierung am Griff auf den **1. roten Punkt** der Kappe zeigt. Griff leicht hochdrücken und nach links drehen – bis ein Einrasten deutlich spürbar und hörbar wird.

Stellung 2 (magisches Auge zeigt „Rot“).
Der Schlauch läßt sich nicht mehr lösen. Der Gasdurchgang ist noch geschlossen. Griff weiter drehen bis zum Einrasten am Anschlag.

Stellung 3 (magisches Auge zeigt „Grün“).
Der Schlauch läßt sich nicht lösen. Der Gasdurchgang ist geöffnet. Schließen der Gaszufuhr erfolgt durch entgegengesetztes Drehen bis Stellung 2 und Lösen der Schlauchverbindung in Stellung 1.

Alle Schaltstellungen rasten spür- und hörbar ein!

Aufstellung von Gasgeräten

7

7 Aufstellung von Gasgeräten

Gasgerät ist die Sammelbezeichnung für Gasgeräte, deren Abgase über eine Abgasanlage ins Freie abgeführt werden (Gasfeuerstätten) und für Gasgeräte ohne Abgasanlage.

Gasgeräte werden nach der Verbrennungsluftversorgung und der Abgasabführung unterschieden.

Gasgeräte müssen auf dem Geräteschild das DIN-DVGW-Prüfzeichen tragen.

Typisches Geräteschild

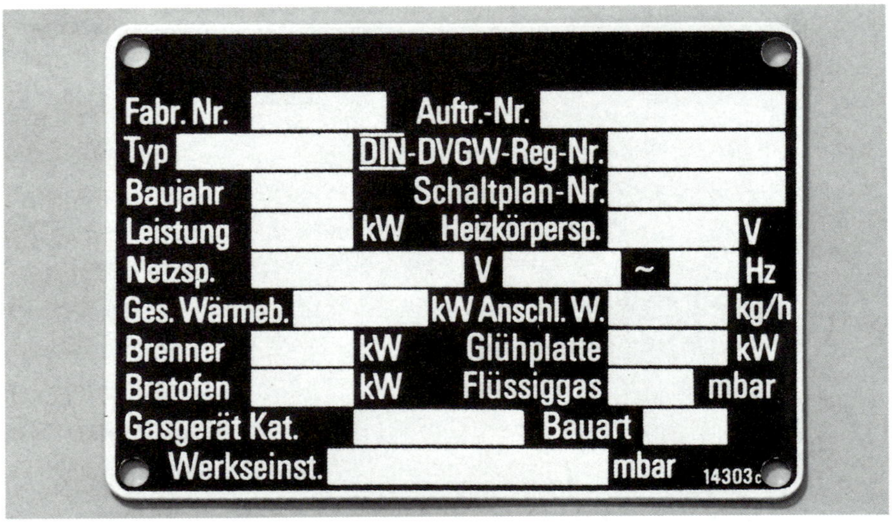

Bild 7.1

Bei Erstinstallation, Umstellung oder Umbau ist darauf zu achten, daß die DVGW-Anerkennung noch ihre Gültigkeit besitzt. Dies kann durch Rückfrage beim Gerätehersteller geschehen. Dabei ist die DIN-DVGW-Reg-Nr. des Geräteschildes anzugeben.

Alle auf dem Geräteschild aufgeführten Angaben müssen lesbar sein.

Der Einbau von fabrik- und typenfremden Bauteilen ist nicht zulässig.

7.1 Gasgeräte der Art A

Gasgeräte der **Art A** sind **ohne** Verbrennungskammer (z. B. Hockerkocher, Laborbrenner) oder **mit offener** Verbrennungskammer gegenüber dem Aufstellungsraum (z. B. Einbaubackofen, Gasherd).
Sie sind zum Betrieb **ohne** Abgasanlage bestimmt.

Bild 7.2

Die Einbauanleitung des Geräteherstellers ist zu beachten.

Der Betreiber dieser Anlage ist durch den Ersteller über Funktion und Handhabung zu unterweisen.

Als Mindestanforderung an Gerätegröße und Aufstellungsraum gelten:

Tür oder Fenster ins Freie

max. 11 kW Nennwärmebelastung

Raumgröße mind. 20 m³

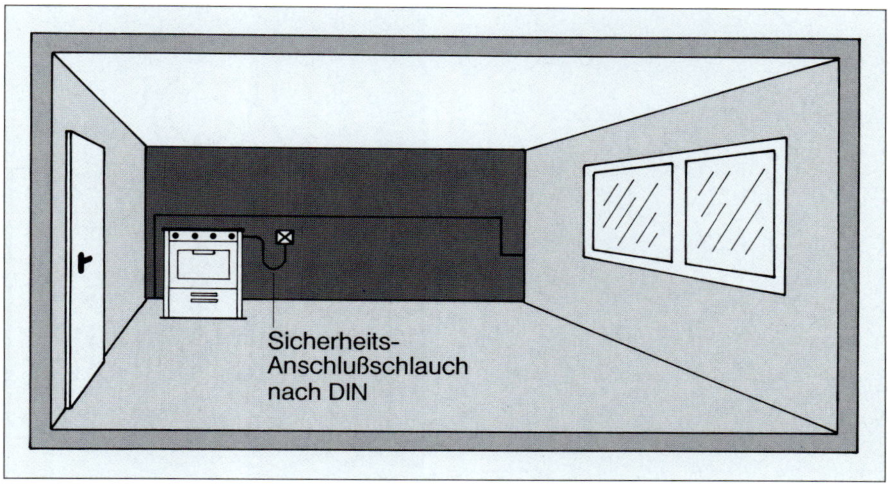

Bild 7.2

7.2 Gasgeräte der Art B

Gasgeräte der **Art B** sind Geräte mit **offener** Verbrennungskammer gegenüber dem Aufstellungsraum. Sie sind zum Anschluß an einen **Schornstein** bestimmt.

7.2.1 Gasgeräte der Art B mit Atmosphärischem Allgasbrenner

Das sind Gasgeräte mit Brenner **ohne** Gebläse, raumluftabhängig **mit** Strömungssicherung

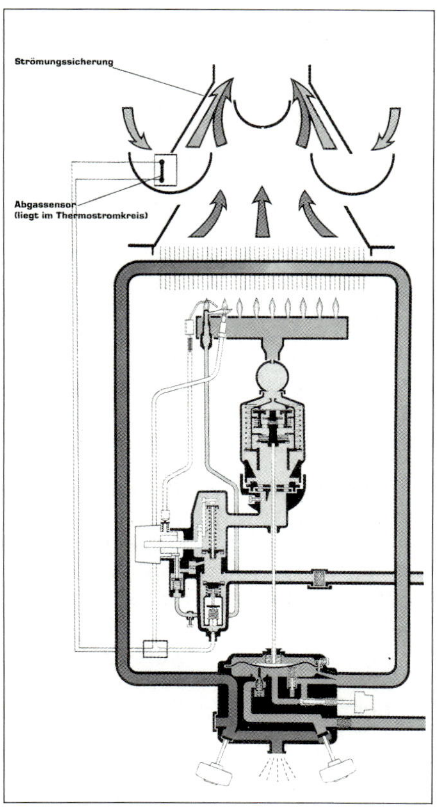

Bild 7.3

7.2.1 Gasgeräte der Art B mit Atmosphärischem Allgasbrenner

Die **Strömungssicherung** ist ein zum Gasgerät der **Art B** gehörendes Bauteil, das einen wesentlichen Einfluß von zu starkem Auftrieb, Stau oder Rückstrom in der Abgasanlage auf die Verbrennung im Gasgerät verhindert.

Bild 7.4
Normaler Auftrieb

Bild 7.5
Zu starker Auftrieb

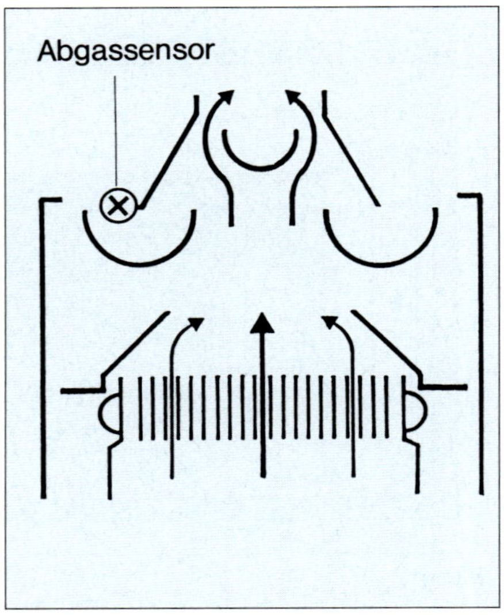

Bild 7.4

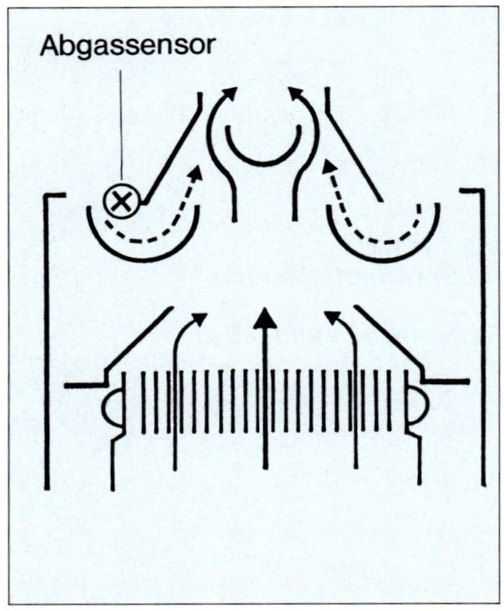

Bild 7.5

Bild 7.6
Stau

Bild 7.7
Rückstrom

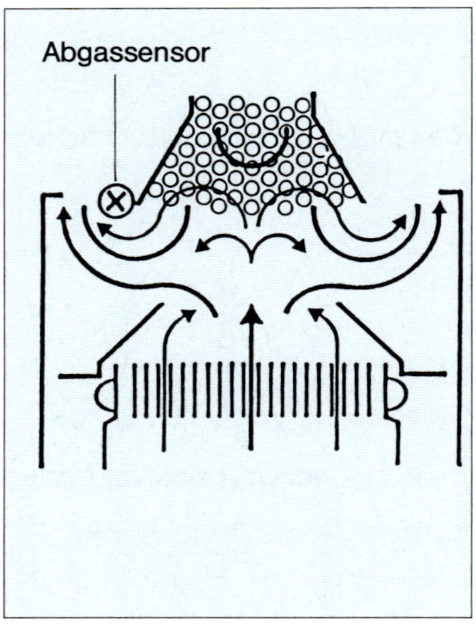

Bild 7.6

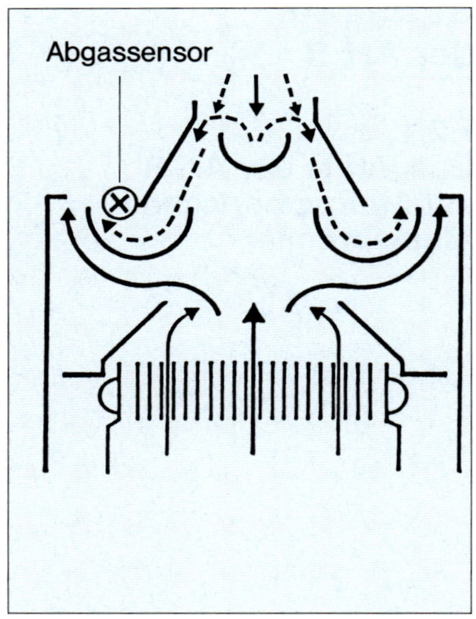

Bild 7.7

Die **Abgasüberwachungseinrichtung** ist ein zum Gasgerät der **Art B** gehörendes Bauteil, das bei Abgasaustritt aus der Strömungssicherung die Gaszufuhr selbsttätig abschaltet.

In Wohnungen dürfen Gasgeräte der Art B mit einer Nennwärmeleistung von mehr als 11 kW nur aufgestellt werden, wenn durch die Bauart der Gasgeräte, z. B. durch eine geschlossene Verbrennungskammer oder durch besondere Einrichtungen, die Abgasüberwachung an den Gasgeräten, sichergestellt ist, daß Verbrennungsgase in gefahrdrohender Menge nicht in den Aufstellraum austreten können. Dies gilt nicht für Gasgeräte, deren Aufstellräume durch dichte Bauteile und dicht- und selbstschließende Türen von den Aufenthaltsräumen der Wohnung getrennt sind oder ausreichend belüftet werden.

Die **Abgasüberwachungseinrichtung** ist ferner nicht erforderlich, wenn: Gasgeräte der **Art B** in einer dichten schrankartigen Ummantelung eingebaut sind und eine **Verbrennungsluftöffnung** von mindestens 150 cm^2 direkt ins Freie führt.
- der Aufstellungsraum den lüftungstechnischen Anforderungen an Heizräume entspricht (bezogen auf 50 kW Gesamtnennwärmeleistung).

Danach müssen Gasgeräte der Art B im Nennleistungsbereich von 11 kW bis 50 kW, die außerhalb von Heizräumen aufgestellt werden, eine Abgasüberwachungseinrichtung haben.

Geräte mit Abgasüberwachungseinrichtung sind in der Gerätebezeichnung (Typenschild) mit einem zusätzlichen **X** gekennzeichnet.

Gerätetyp	Funktion
Gasumlaufwasserheizer	2 Fühler Elektronik unterbricht Gaszufuhr automatische Wiedereinschaltung Elektronik unterbricht Gaszufuhr, nach ca. 15 – 20 Min. erfolgt automatisch die Wiedereinschaltung
Gasheizkessel mit E-Zündung	1 Fühler Unterbrechung der Überwachungselektronik manuelle Wiedereinschaltung durch Entriegeln des Kapillarrohrbegrenzers **und** des Entstörknopfes
Gasdurchlaufwasserheizer T-Zündung	1 Fühler Unterbrechung des Thermostromkreises normale manuelle Inbetriebnahme
Gasheizkessel mit T-Zündung	1 Fühler Unterbrechung des Thermostromkreises

Tabelle 7.1

Funktionskontrolle:

Die Funktionskontrolle der Abgasüberwachungseinrichtung wird vor dem Aufsetzen des Abgasrohrs durchgeführt.

Bei bereits installierter Abgasanlage muß das Abgasrohr vom Gerät abgenommen oder muß durch eine vorhandene Reinigungs- bzw. Revisionsöffnung der Abgasweg mit geeigneten Mitteln zeitweilig abgesperrt werden.

- Auslaßöffnung der Strömungssicherung zum Abgasrohr mit Metallplatten abdecken oder Abgasrohr mit geeigneten Mitteln zeitweilig absperren.

- Gerät in Betrieb nehmen.

- Gerät muß innerhalb von 2 Minuten automatisch abschalten.

- Automatische Wiedereinschaltung des Gerätes erfolgt 15 – 20 Minuten nach Abschalten. Während dieser Zeit ist der Brenner blockiert.

- Durch Aus- und Wiedereinschalten des Hauptschalters nach ca. 3 Sek. kann das Gerät unverzögert wieder in Betrieb genommen werden.

Bei nicht ordnungsgemäßer Funktion darf das Gerät nicht wieder in Betrieb genommen werden!

Im Rahmen von empfohlenen Gerätewartungen sollte auch die vorstehende Funktionskontrolle der Abgasüberwachungseinrichtung vorgenommen werden.

7.2.1 Gasgeräte der Art B mit Atmosphärischem Allgasbrenner

Gas-Vorratswasserheizer für die Aufstellung in Wohn- und Aufenthalts- sowie auch in Heizräumen, je nach Aufstellungsort mit oder ohne Abgasüberwachung

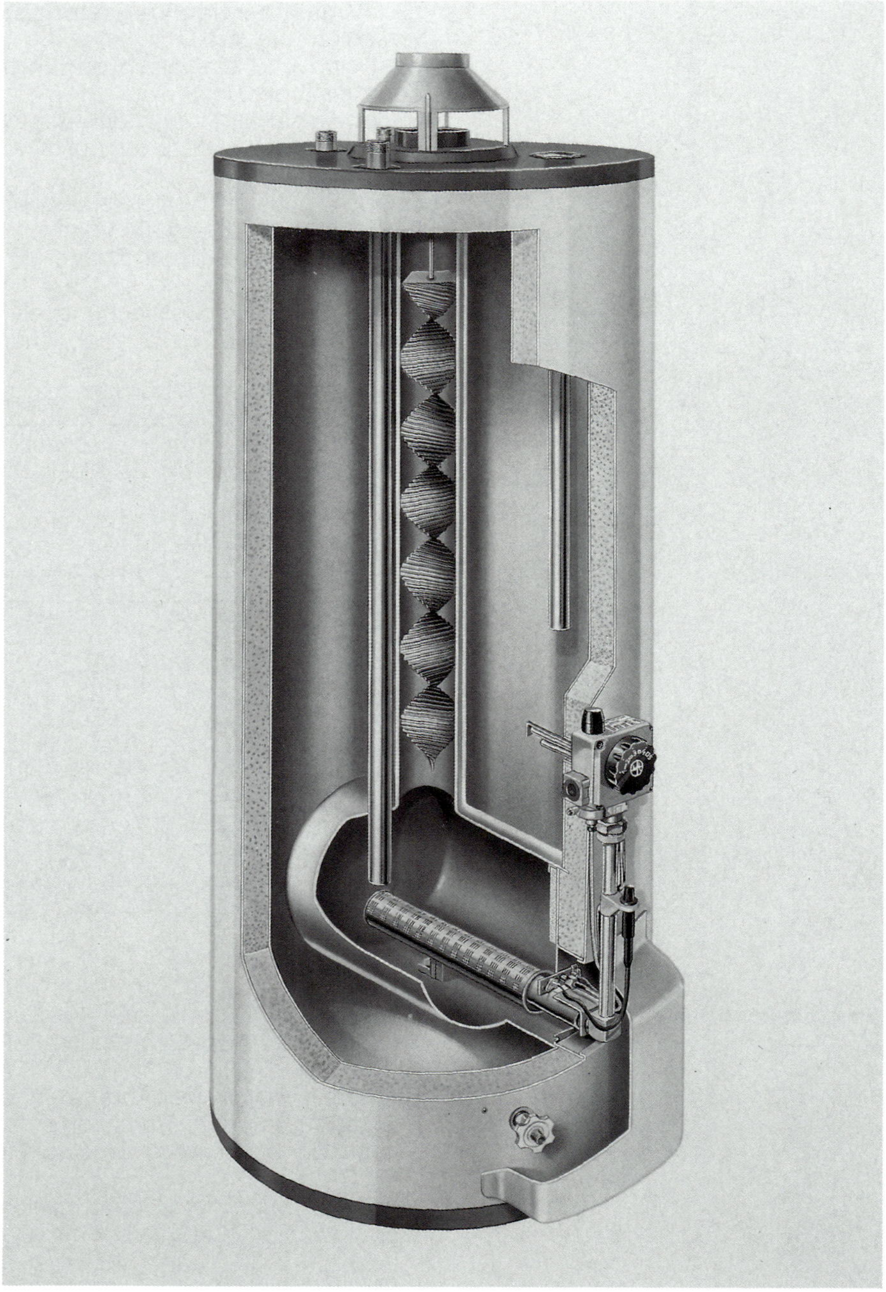

Bild 7.8

Gasgeräte der Art B mit und ohne Abgasüberwachung sind z. B.

- Umlaufwasserheizer
- Durchlaufwasserheizer
- Gaswärme-Zentrum
- Gasheizkessel für die Küchenaufstellung
- Gasheizkessel für die Küchenaufstellung mit Warm-Wasser
- Gasheizkessel in Kellerausführung

7.2.2 Gasgeräte der Art B mit Gebläsebrenner

Gasheizkessel mit Gebläsebrenner

Das sind Gasgeräte mit Brenner **mit Gebläse** raumluftabhängig **ohne Strömungssicherung**

Bild 7.9

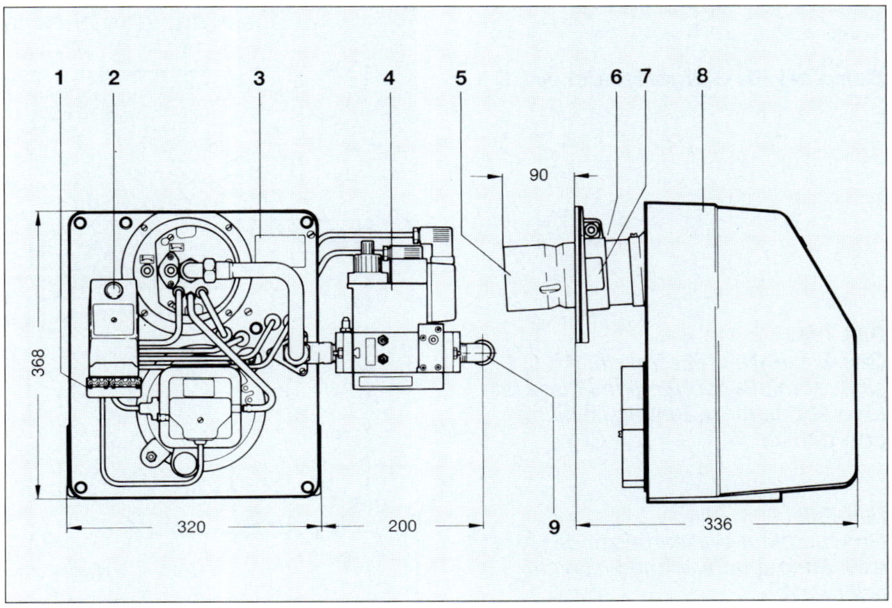

Bild 7.10

1 *E-Anschlußbuchse*
2 *Feuerungsautomat*
3 *Typenschild*
4 *Gasregelblock*
5 *Flammrohr*
6 *Einschubmarkierung (Kerbe) für Brennerflansch Position*
7 *Brennerflansch [1])*
8 *Brennerhaube [1])*
9 *Gasanschluß R 1/2"*

7.3 Gasgeräte der Art C

Gasgeräte der **Art C** haben eine geschlossene Verbrennungskammer gegenüber dem Aufstellungsraum. Sie sind zum Betrieb **mit einer Abgasanlage** bestimmt. Unter Abgasanlage versteht man das zum Gasgerät gehörende Zubehör für die Abgas- und Verbrennungsluftzufuhr. Diese sind Gerätebestandteile. Gasgeräte der Art C unterscheiden sich in den Gruppen:

Art C 1 ohne Ventilator, die Verbrennungsluft wird dem Freien entnommen, das Abgas wird über die Außenwand dem Freien wieder zugeführt. Sie dienen zur Beheizung einzelner Räume oder zur Warmwasserbereitung.

Da diese Geräte nicht mit Ventilator ausgerüstet sind, können sie nur für kurze Abgaswege verwendet werden. Ihre Abgasführung erfolgt rein thermisch. Deshalb müssen sie direkt an der Außenwand aufgestellt sein. Dabei sind die Herstellerangaben über die maximale Länge der Abgasführung zu beachten.

Art C 2 Die Verbrennungsluft wird einem Luft-Abgas-Schornstein entnommen und die Abgase werden diesem zugeführt.

Da diese Geräte nicht mit Ventilator ausgerüstet sind, können sie nur dann eingesetzt werden, wenn der Zug des Luft-Abgas-Schornsteins groß genug ist.

Da diese Geräte in der Bundesrepublik Deutschland und in Berlin (West) praktisch nicht aufgestellt wurden, finden sie hier keine besondere Bedeutung.

Art C 3.1 mit Ventilator, die Verbrennungsluft wird einem Luft-Abgas-Schornstein entnommen und die Abgase werden diesem zugeführt.

Art C 3.2 mit Ventilator, die Verbrennungsluft wird dem Freien entnommen und die Abgase werden dem Freien über Dach zugeführt.

Art C 3.3 mit Ventilator, die Verbrennungsluft wird dem Freien entnommen und die Abgase werden dem Freien über die Außenwand zugeführt.

Aufgrund des hier vorhandenen Ventilators können die Gasgeräte der Art C 3.1 – 3.3 ihre Abgase über längere Wege transportieren. Dabei sind die Herstellerangaben über die maximale Länge der Abgasführung zu beachten.

Beispiele für Gasgeräte der Art. C 1

Bild 7.11
Gas-Einzel-Raumheizer der Art C 1 sind raumluftunabhängige Gasgeräte. Eine Abgasüberwachung ist nicht erforderlich.

Bild 7.12
Gasdurchlauf-Wasserheizer der Art C 1, eine Abgasüberwachung ist nicht erforderlich.

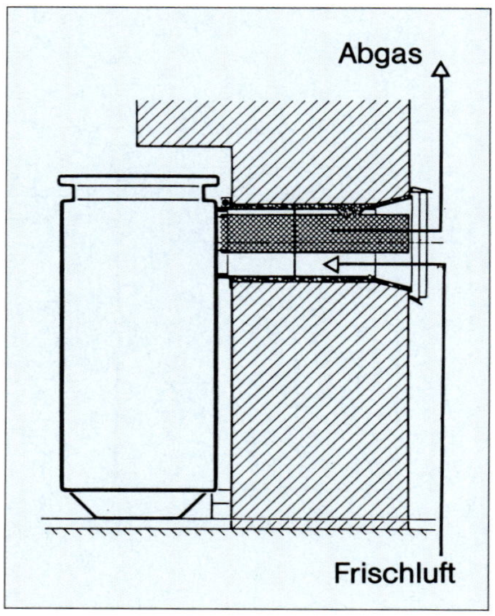

Bild 7.11

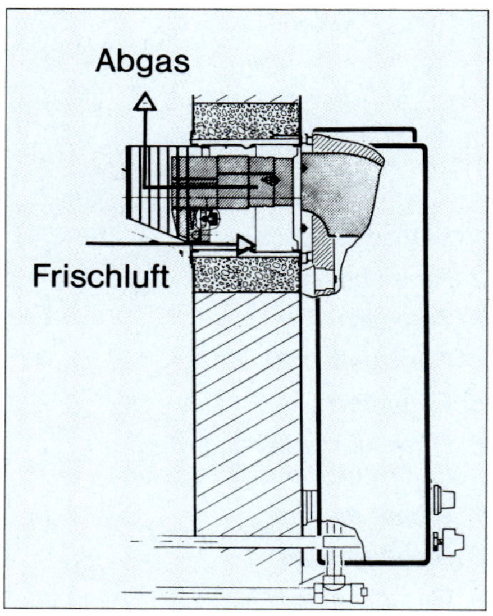

Bild 7.12

Beispiel für Gasgeräte der Art C 3.1 – 3.3

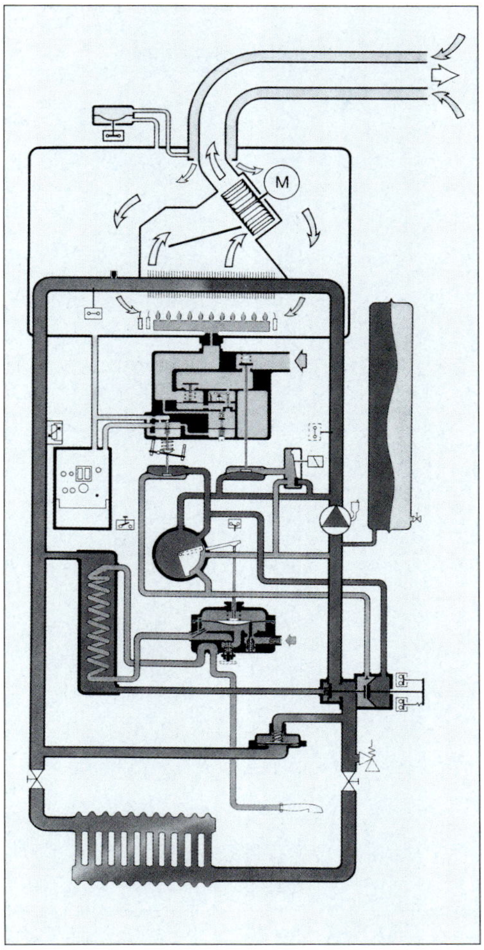

Bild 7.13

7.4 Verbrennungsluftversorgung – zusätzliche Anforderungen an die Aufstellung von Gasgeräten der Art B von nicht mehr als 50 kW Gesamtnennwärmeleistung, außerhalb von Heizräumen mit atmosphärischen Brennern.

Da diese Gasgeräte ihre Verbrennungsluft aus dem Aufstellungsraum beziehen, muß eine ausreichende Verbrennungsluftversorgung sichergestellt werden. Diese Verbrennungsluftversorgung kann – wie nachfolgend beschrieben – auf natürliche Weise oder durch technische Maßnahmen erfolgen.

7.4.1 Verbrennungsluftversorgung über „Außenfugen des Aufstellungsraumes“

Tür oder Fenster ins Freie Raumgröße mind. 4 m³ je kW Gesamtnennwärmeleistung

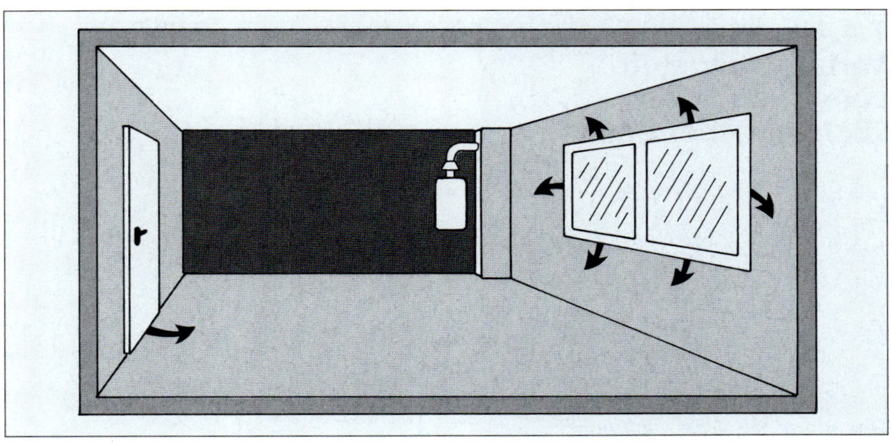

Bild 7.14

7.4.2 Verbrennungsluftversorgung über „Öffnungen ins Freie"

mind. 150 cm² lichter Querschnitt oder 2 x 75 cm²
Rauminhalt mind. 1 m³ je kW Gesamtnennwärmeleistung

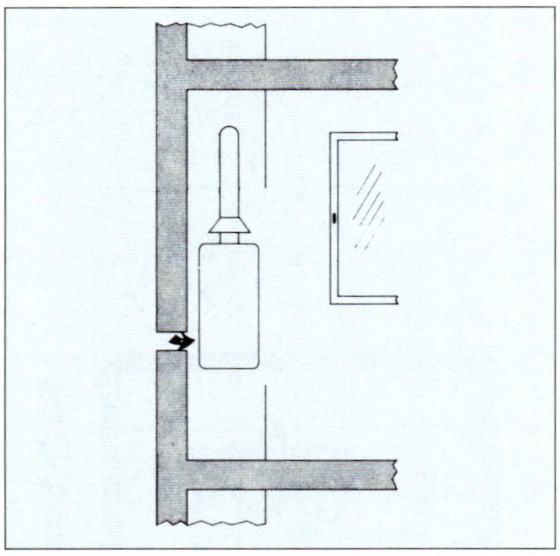

Bild 7.15

7.4.3 Verbrennungsluftversorgung über „Lüftungsleitung ins Freie"

Rauminhalt mind. 1 m³ je kW Gesamtnennwärmeleistung

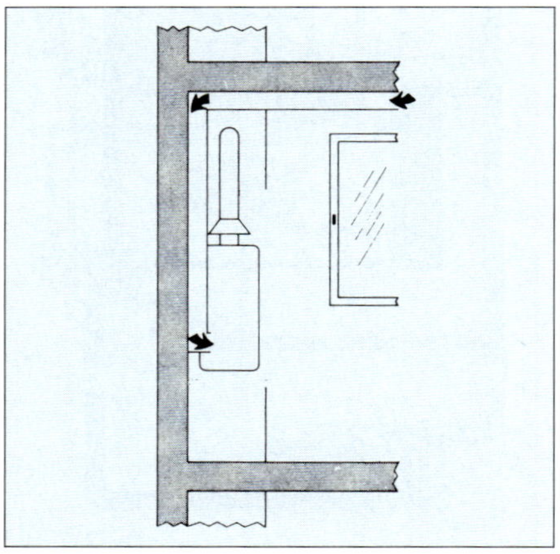

Bild 7.16

Bei dieser Verbrennungsluftversorgung ist der Querschnitt der Verbrennungsluftleitung zu beachten, z. B. 10 m gerade Leitung = 300 cm² Querschnitt.
Bei Richtungsänderungen sind die Bogen als Längenzuschlag zu berücksichtigen.

Bogen 90° = 3,0 m Zuschlag
Bogen 45° = 1,5 m Zuschlag

Weitere Luftschachtgrößen sind aus den Bildern zu entnehmen.

7.4.4 Verbrennungsluftversorgung über „Schacht über Dach"

Rauminhalt 1 m³ je kW Gesamtnennwärmeleistung

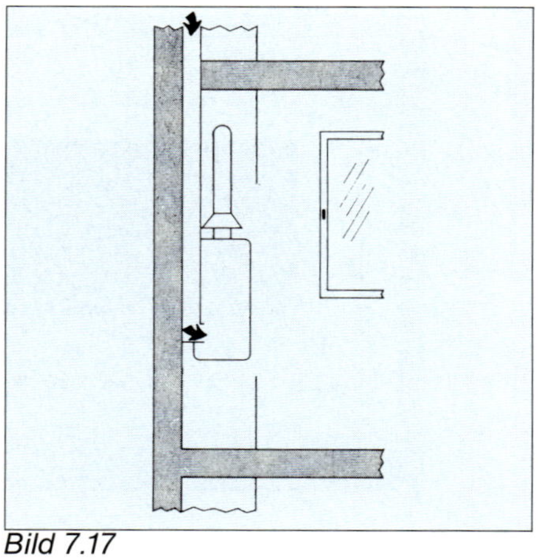

Bild 7.17

Die Schachthöhe bei dieser Verbrennungsluftversorgung darf max. 4 m betragen.

Der lichte Querschnitt muß 230 cm² sein.

– Beispiel: siehe Bild 7.18

Bild 7.18und 7.19

Werden den Öffnungen Verbrennungsluftleitungen nachgeschaltet, darf dadurch das einströmende Luftvolumen nicht verringert werden. Diese Forderung ist erfüllt, wenn die Leitungen in Abhängigkeit von der geraden Länge nach den Bildern 7.18 und 7.19 dimensioniert werden. Richtungsänderungen sind mit einer äquivalenten geraden Länge von 3 m bei 90° und 1,5 m bei 45° zu berücksichtigen.

Wird anstelle einer Öffnung von 150 cm² freien Querschnitts durch die Wand direkt ins Freie ein **Schacht** von 230 cm² **über Dach** vorgesehen, ist die Schachthöhe auf höchstens 4,0 m begrenzt. Dieses Maß ist im engen Zusammenhang mit der nach DIN 18160, Abschnitt 5.5.1, kleinsten wirksamen Schornsteinhöhe von ebenfalls 4,0 m zu sehen. Damit eine gegenseitige Beeinflussung zwischen Abgasschornstein und Verbrennungsluftschacht vermieden wird, darf die Schachtmündung die Schornsteinmündung nicht überragen.

Bei rechteckigen Öffnungen ist für die kürzere Seite ein Mindestmaß **nicht** vorgeschrieben.

Öffnungen dürfen durch ein Drahtnetz oder Gitter abgedeckt werden, wenn die Maschenweite mindestens 10 mm beträgt, die einzelnen Drähte, Stege, Lamellen u. ä. mindestens 0,5 mm dick sind und der vorgeschriebene freie Querschnitt von 75 cm², 150 cm² oder 300 cm² erhalten bleibt.

Die Fugendurchlässigkeit (natürliche Undichtheit) an Innentüren darf im Zusammenhang mit der Verbrennungsluftversorgung nachträglich nicht vermindert werden.

Bei schrankartiger Umkleidung **ohne direkte** Verbrennungsluftversorgung aus dem Freien muß durch eine obere und eine untere Öffnung von jeweils mindestens 600 cm² freien Querschnitts nach den Angaben des Geräteherstellers eine Verbindung zum Aufstellraum hergestellt werden. Die geforderten Abstände von 10 cm sind auch aus funktionstechnischen Gründen erforderlich.

Der Betreiber ist darauf hinzuweisen, daß die getroffenen Maßnahmen nicht nachteilig verändert werden dürfen.

Bild 7.18

Äquivalente quadratische Leitungsquerschnitte A in Abhängigkeit von der Leitungslänge L für gerade Verbrennungsluftleitungen, die einer Verbrennungsluftöffnung ins Freie von 150 cm² freien Querschnitts nachgeschaltet sind.

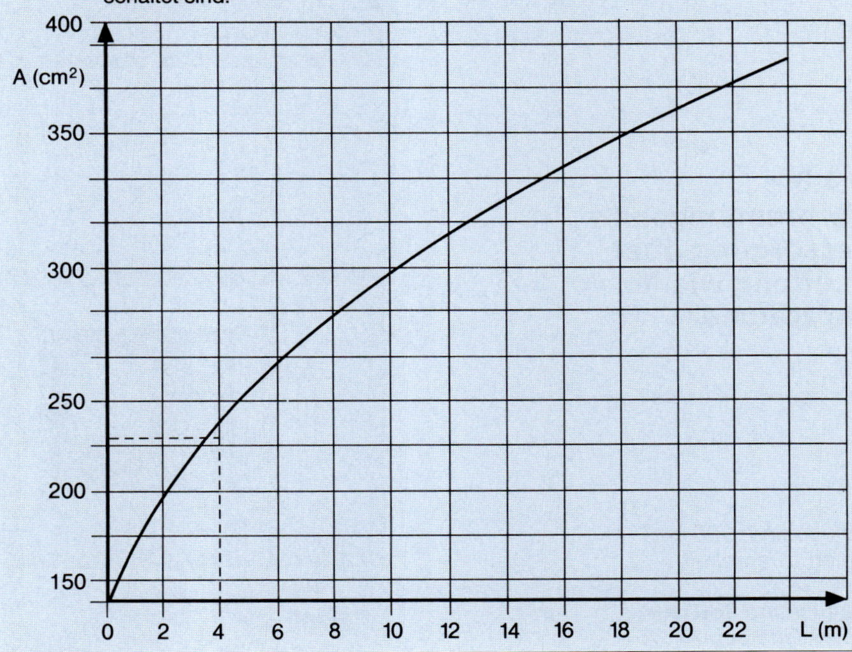

Bild 7.18

Bild 7.19

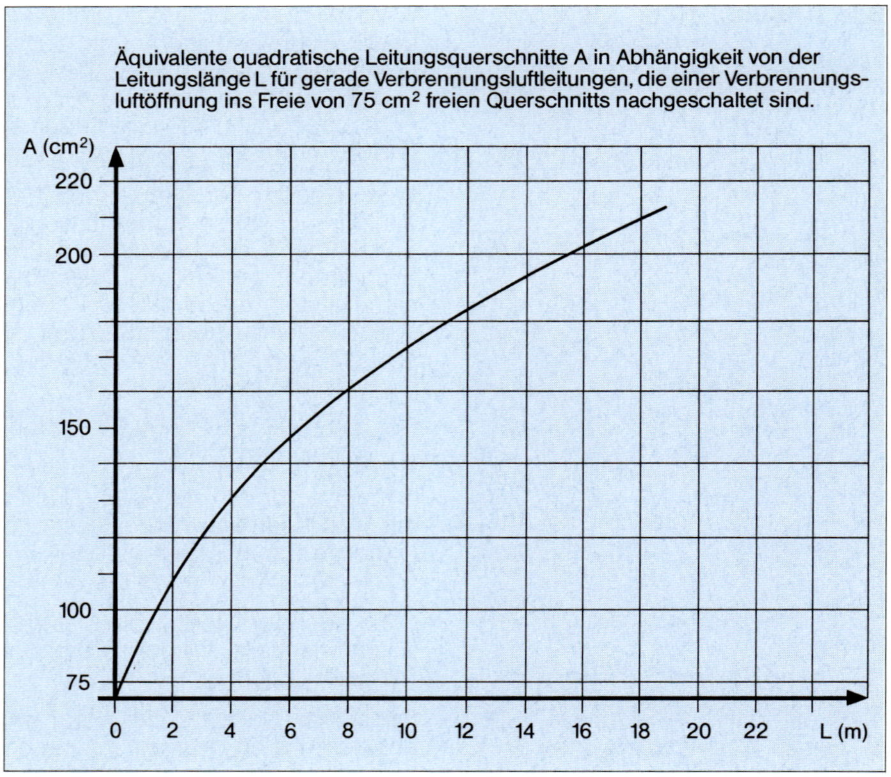

Bild 7.19

7.4.5 Verbrennungsluftversorgung über „Außenfugen und Außenluftdurchlaßelemente"

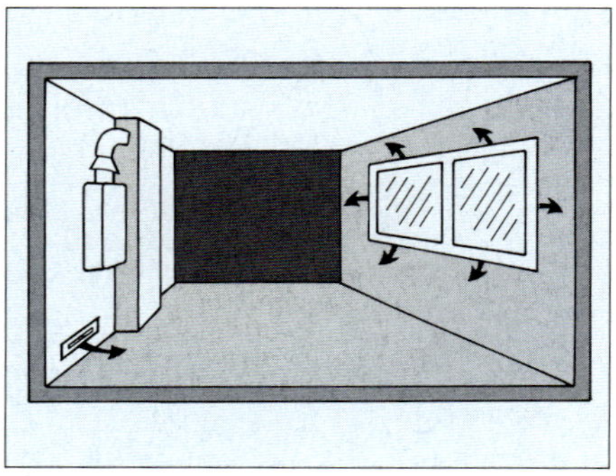

Bild 7.20

Luftdurchlaß mind. 0,8 m^3 je kW Gesamtnennwärmeleistung
Querschnitt der Luftdurchlaßelemente siehe Herstellerangaben

Rauminhalt mind. 2 m^3 je kW Gesamtnennwärmeleistung

7.4.6 Verbrennungsluftversorgung über „Lüftung wie für Heizräume"

Tür oder Fenster ins Freie

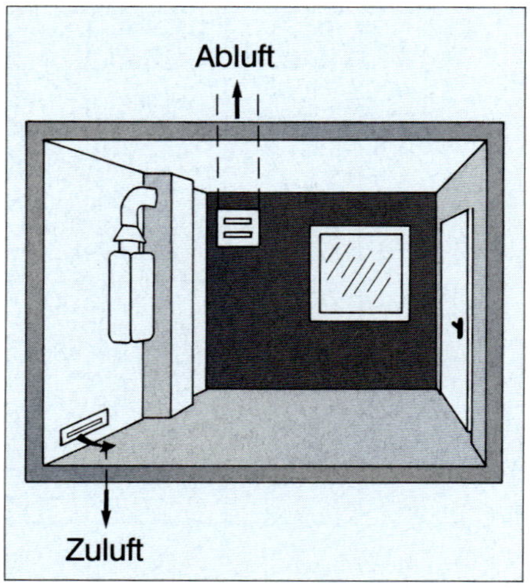

Bild 7.21

Zuluft mind. 300 cm^2 freien Querschnitt

Abluft mind. 180 cm^2 freien Querschnitt

7.4.7 Verbrennungsluftversorgung über „Außenfugen im Verbrennungsluftverbund"

Unmittelbarer Verbrennungsluftverbund

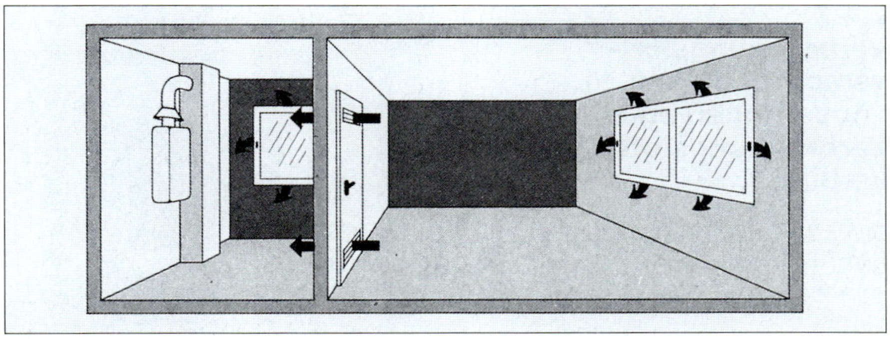

Bild 7.22

Die notwendige Größe der Verbrennungslufträume ist aus dem Bild 7.26 zu entnehmen. Zwischen Aufstellraum und Verbrennungsluftraum sind – abhängig von der Größe des Aufstellraumes (< 1 m³/kW oder > 1 m³/kW) – Öffnungen von 2 x 150 cm² (nur für Gasgeräte der Art B mit Strömungssicherung) oder Maßnahmen nach Bild 7.26 (Vorzugsweise Anwendung der Kurven 1 bis 3) erforderlich.

Mittelbarer Verbrennungsluftverbund

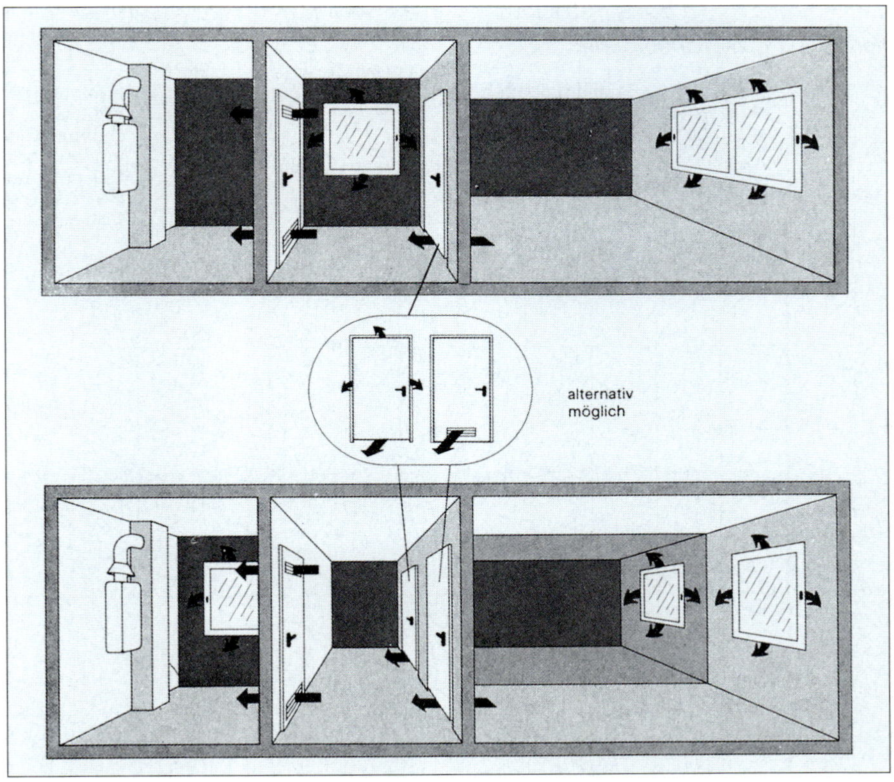

Bild 7.23

Über die notwendige Größe der Verbrennungslufträume und die zu treffenden Maßnahmen zur Schaffung des Verbrennungsluftverbundes Bild 7.26 (vorzugsweise Anwendung der Kurven 1 bis 3).
Zwischen Aufstellraum und Verbundraum sind – abhängig von der Größe des Aufstellraumes (< 1 m³/kW oder > 1 m³/kW) – Öffnungen von 2 x 150 m² (nur für Gasgeräte der Art B mit Strömungssicherung) oder 1 x 300 cm² freien Querschnitts erforderlich.

– Siehe Bild 7.26 auf der folgenden Seite.

7.4.7 Verbrennungsluftversorgung über „Außenfugen im Verbrennungsluftverbund“

Bild 7.24: Rauminhalt ≧ 1 m^3/kW
Bild 7.25: Rauminhalt < 1 m^3/kW

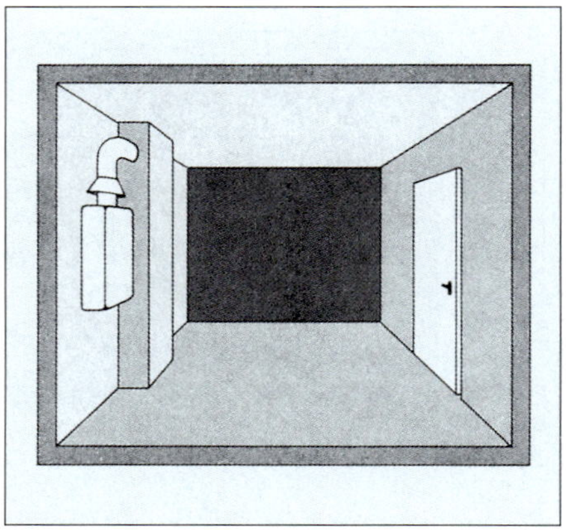

Bild 7.24

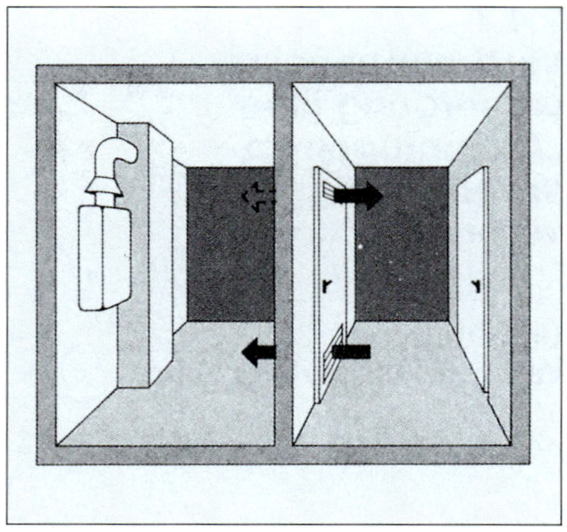

Bild 7.25

Der Aufstellraum muß einen Rauminhalt von mind. 1 m^3 je 1 kW Gesamtnennwärmeleistung der Gasgeräte der Art B mit Strömungssicherung haben oder es muß ein zusammenhängender Luftraum dieser Größe durch Öffnungen 2 x 150 cm^2 freien Querschnittes zu einem unmittelbar benachbarten Raum hergestellt werden. In gleicher Weise können auch weitere, dem Aufstellraum unmittelbar benachbarte Räume einbezogen werden.

Die Öffnungen von 150 cm^2 sind vorzugsweise in Türen – oben und unten – anzubringen.

Verbrennungsluftversorgung

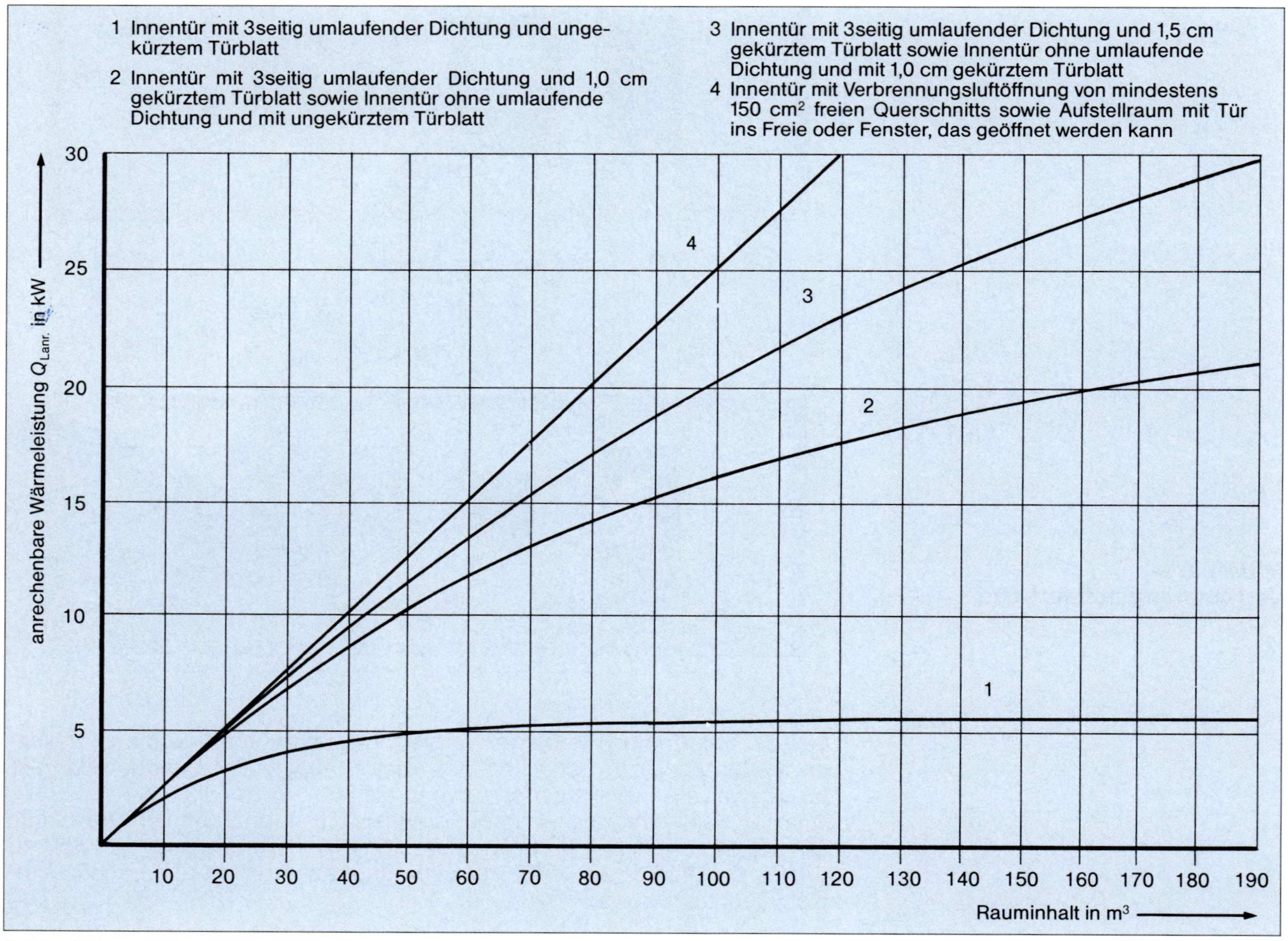

Bild 7.26

7.4.8 Verbrennungsluftversorgung über „besondere technische Anlagen“

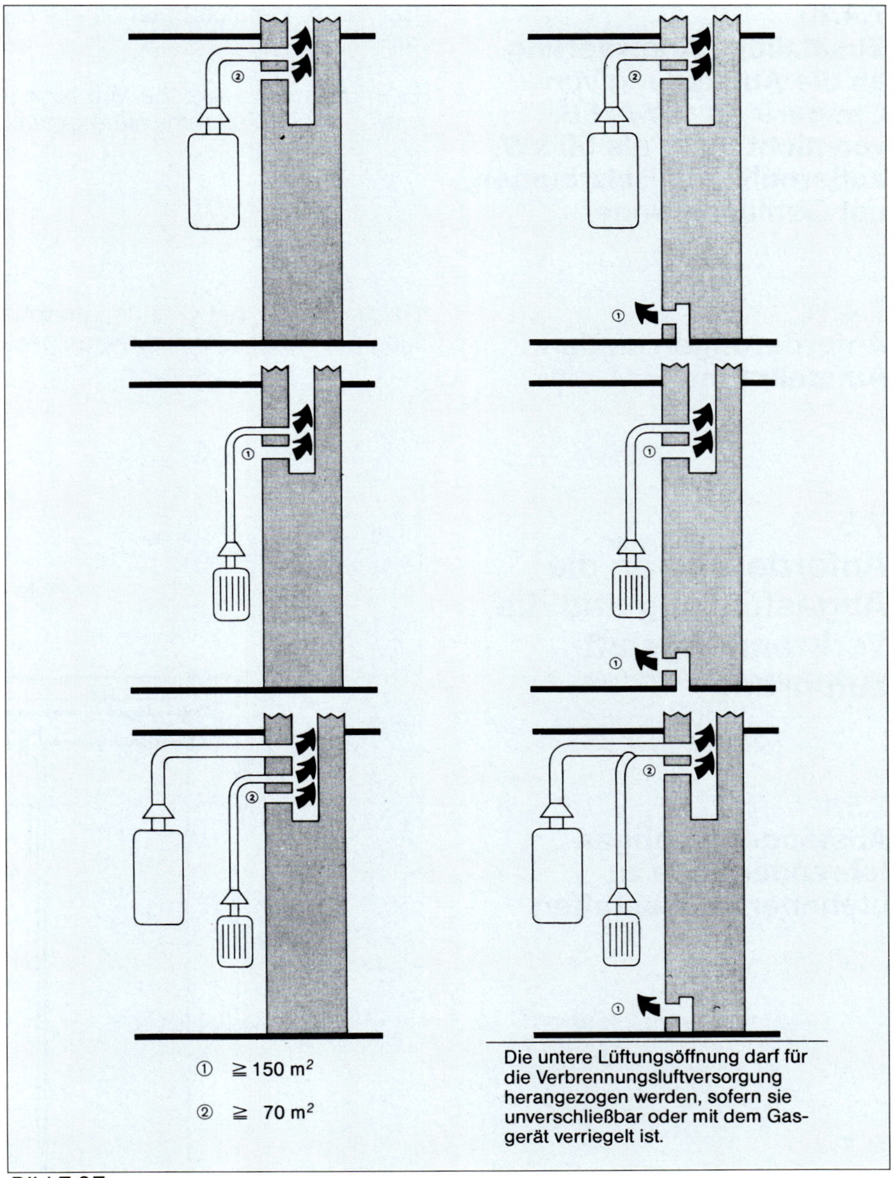

Bild 7.27

7.4.9 Verbrennungsluft „Versorgung bei Gasgeräten der Art B in besonderer Ummantelung“

Raumgröße mit Abtrennung mind. 1 m³ je kW Gesamtnennwärmeleistung

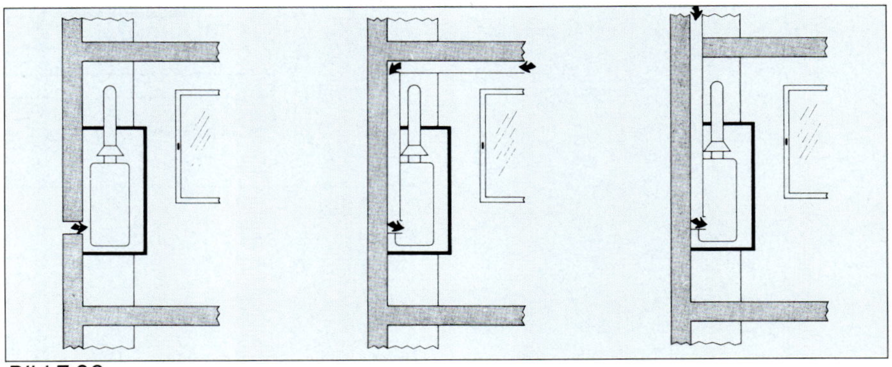

Bild 7.28
Verbrennungsluftversorgung „Öffnung ins Freie“ mind. 150 cm² freien Querschnitt

Verbrennungsluftversorgung „Luftleitung ins Freie“ Querschnitt *siehe S. 107*

Verbrennungsluftversorgung „Schacht über Dach“ Querschnitt *siehe S. 107*

7.4.10 Zusätzliche Anforderung an die Aufstellung von Gasgeräten der Art B, von nicht mehr als 50 kW, außerhalb von Heizräumen, mit Gebläsebrenner

Bei dieser Geräteart gibt es keine besonderen Anforderung an die Raumgröße.

Es muß nur die gleiche Verbrennungsluftversorgung sichergestellt werden, wie bei Gasgeräten mit atmosphärischem Brenner.

7.4.11 Anforderungen an den Aufstellraum

Gasgeräte der **Art C** dürfen unabhängig von der Raumgröße und Raumlüftung der Aufstellungsräume aufgestellt werden.

7.5 Anforderung an die Abgasführung und die Verbrennungsluftzuführung

7.5.1 Abstände der abgasführenden Teile zu brennbaren Baustoffen

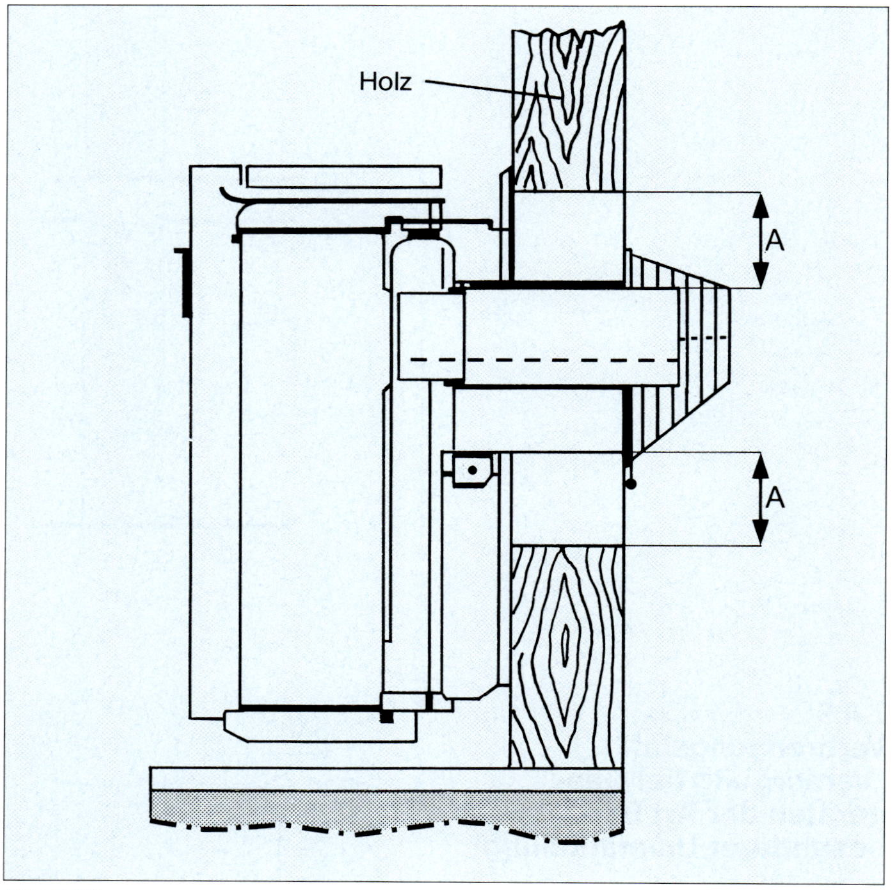

Bild 7.29

Abstand A = mindestens 10 cm.

Dazu bieten die meisten Hersteller passende Holzwanddurchführungen an. Sind solche nicht verfügbar oder können diese z. B. aus baulichen Gründen nicht eingebaut werden, muß der Zwischenraum mit nicht brennbaren formbeständigen Baustoffen geringer Wärmeleitfähigkeit ausgefüllt werden.

7.5.2
Mündung an Gebäudevorsprüngen und Bauteilen aus brennbaren Stoffen Bild 7.30

7.5.3
Mündung an Gebäudevorsprüngen und Bauteilen aus brennbaren Stoffen mit Strahlenschutz. Bild 7.31

Achtung: Strahlenschutz muß hinterlüftet sein.

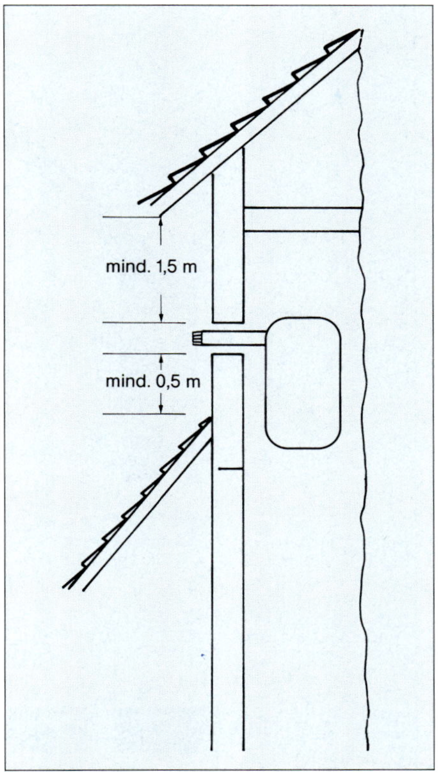

Bild 7.30

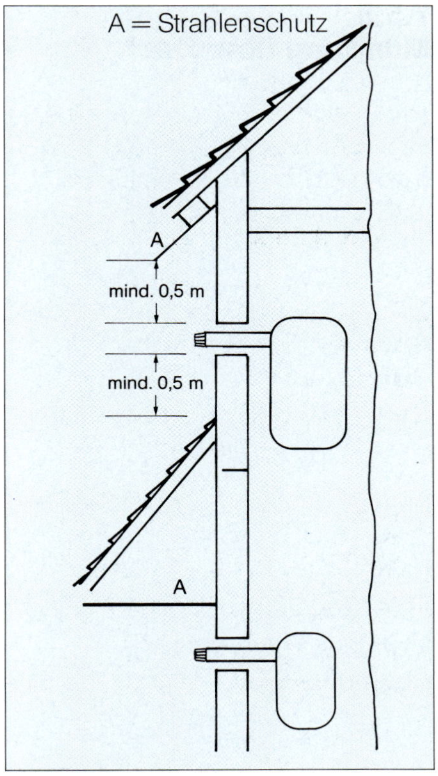

Bild 7.31

7.5.4
Mündung unter Geländeoberfläche „Schachtgröße"

A = mind. 0,30 m
B = max. 4 m bei Geräten bis 14 kW
B = max. 1,70 m bei Geräten über 14 kW
Schächte dürfen keine zusätzlichen Öffnungen haben.
Schachtabdeckungen müssen einen freien Querschnitt von mind. 70 % des erforderlichen Schachtquerschnitts haben.

Grundfläche:
bis 14 kW mind. 0,5 m²
über 14 kW mind. 0,75 m²

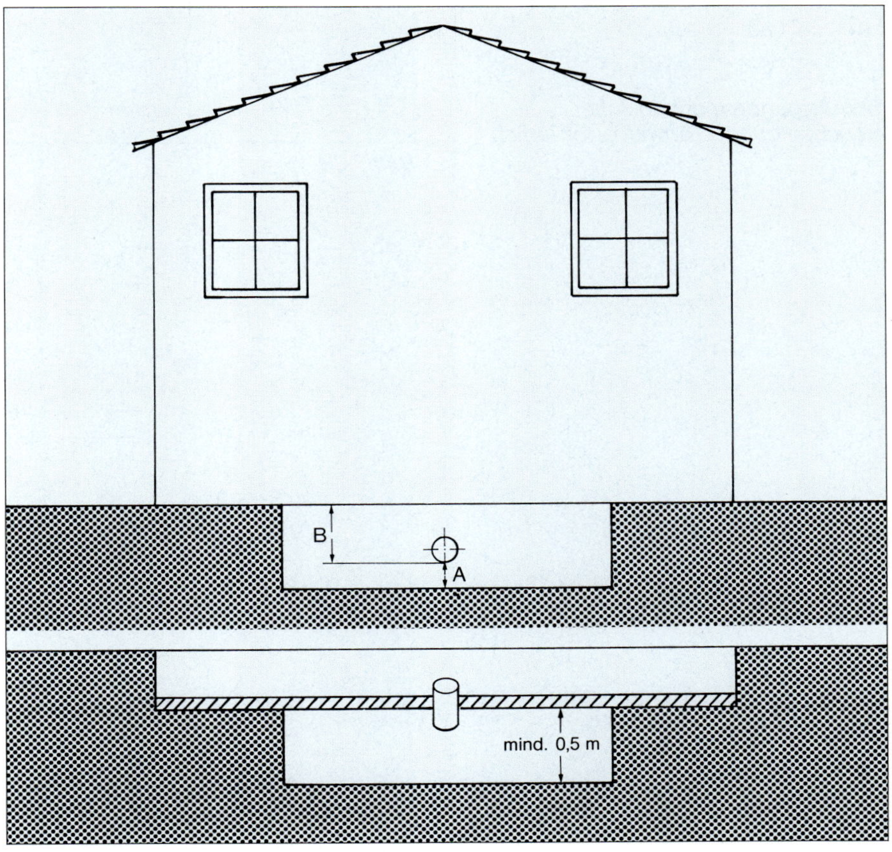

Bild 7.32

7.5.5
Mündung über Dach

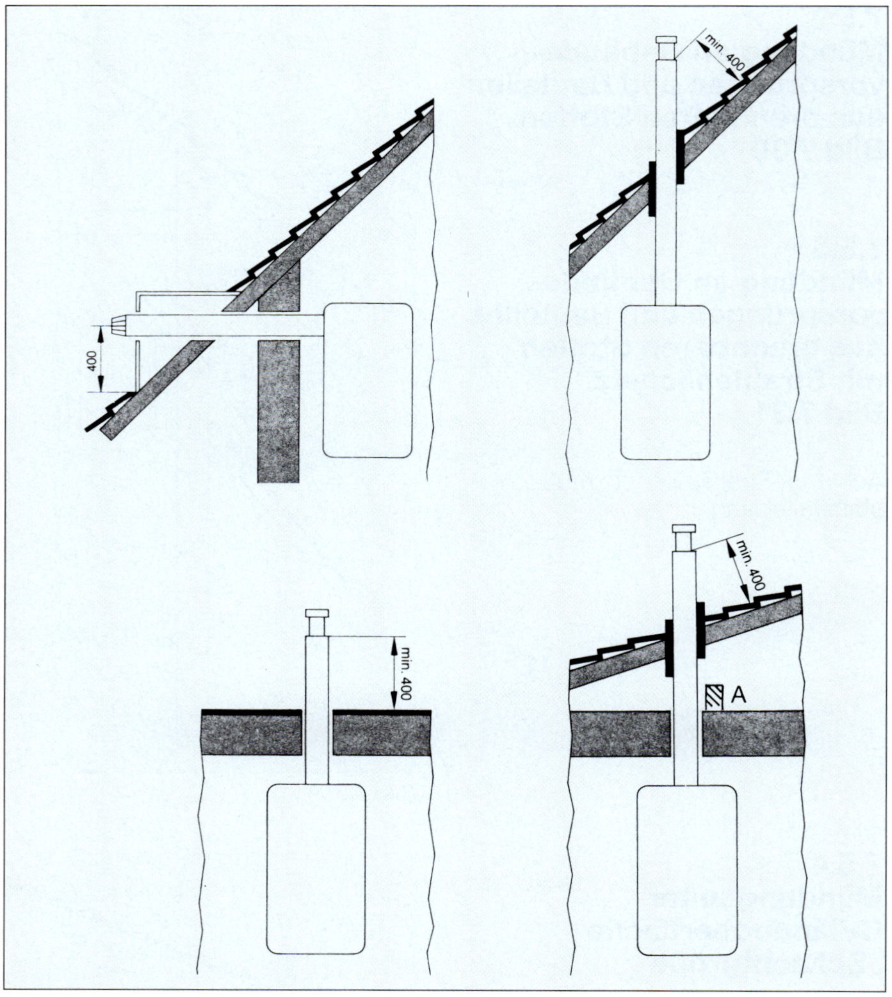

Bild 7.33

Schutz gegen mechanische Beschädigungen soweit erforderlich

7.6 Gasgeräte mit einer Gesamtnennwärmeleistung von mehr als 50 kW

Zusätzliche Anforderungen bei der Aufstellung von Gasgeräten der **Art B** (raumluftabhängige Gasgeräte) und **Art C** (raumluftunabhängige Gasgeräte) mit einer Gesamtnennwärmeleistung von mehr als 50 kW.

Einzelne Gasgeräte der Art B oder C mit einer Nennwärmeleistung von mehr als 50 kW und mehrere Feuerstätten – auch für feste und flüssige Brennstoffe – mit einer Gesamtnennwärmeleistung von mehr als 50 kW dürfen nur in Räumen aufgestellt werden, die den baurechtlichen Anforderungen an Heizräume entsprechen.

Für den praktischen Gebrauch sind nachstehend die wichtigsten Anforderungen für Heizräume aufgeführt:

- Rauminhalt mind. 8 m^3, lichte Höhe mind. 2 m;

- Wände und Decken müssen feuerbeständig ausgeführt werden;

- Türen, die nicht ins Freie führen, müssen feuerhemmend und selbstschließend sein;

- Heizräume müssen ausreichend be- und entlüftet werden.

  a) Zuluftöffnung
  50 kW Gesamtnennwärmeleistung → mindestens 300 cm^2
  Zuschlag für jedes weitere kW Wärmeleistung 2,5 cm^2

  b) Abluftöffnung
  50 kW Gesamtnennwärmeleistung → mindestens 180 cm^2

Die Gesamtnennwärmeleistung ist die Summe der Nennwärmeleistungen, der in einem Raum aufgestellten Feuerstätten, die gemeinsam betrieben werden können. Wenn durch Sicherheitseinrichtungen sichergestellt ist, daß von mehreren Feuerstätten jeweils nur eine oder mehrere in bestimmter Kombination gemeinsam betrieben werden können, sind nur die jeweiligen Nennwärmeleistungen der Feuerstätten, die gleichzeitig betrieben werden können, zur Bestimmung der Gesamtnennwärmeleistung maßgeblich. Soweit Feuerstätten für feste Brennstoffe nur bei einer verminderten Wärmeleistung den Betrieb anderer Feuerstätten zulassen, braucht nur diese verminderte Nennwärmeleistung auf die Gesamtnennwärmeleistung angerechnet zu werden.

Bereits im Planungsstadium ist es angebracht, ein klärendes Gespräch mit dem zuständigen Bezirks-Schornsteinfegermeister zu führen.

7.7 Anlagen unter Erdgleiche

7.7.1 Zusätzliche Anforderungen bei der Aufstellung von Flüssiggasgeräten in Räumen unter Erdgleiche

Die Definitionen und die Anforderungen bei Flüssiggas-Verbrauchsanlagen unter Erdgleiche sind in den Bau- und Feuerungsverordnungen der einzelnen Bundesländer unterschiedlich geregelt.

7.7.1 Zusätzliche Anforderungen bei der Aufstellung von Flüssiggasgeräten in Räumen unter Erdgleiche

Nach TRF gilt:

Als Räume unter Erdgleiche gelten Räume, deren Fußboden allseitig tiefer als 1 m unter der Geländeoberfläche liegt. Bei Hanglagen sind auch solche Aufstellungsräume unter Erdgleiche, bei denen an einer Seite der Fußboden weniger als 1 m unter der anschließenden Geländeoberfläche liegt, wenn keine direkt ins Freie führende Verbindung, z. B. Tür oder Fenster, vorhanden ist.

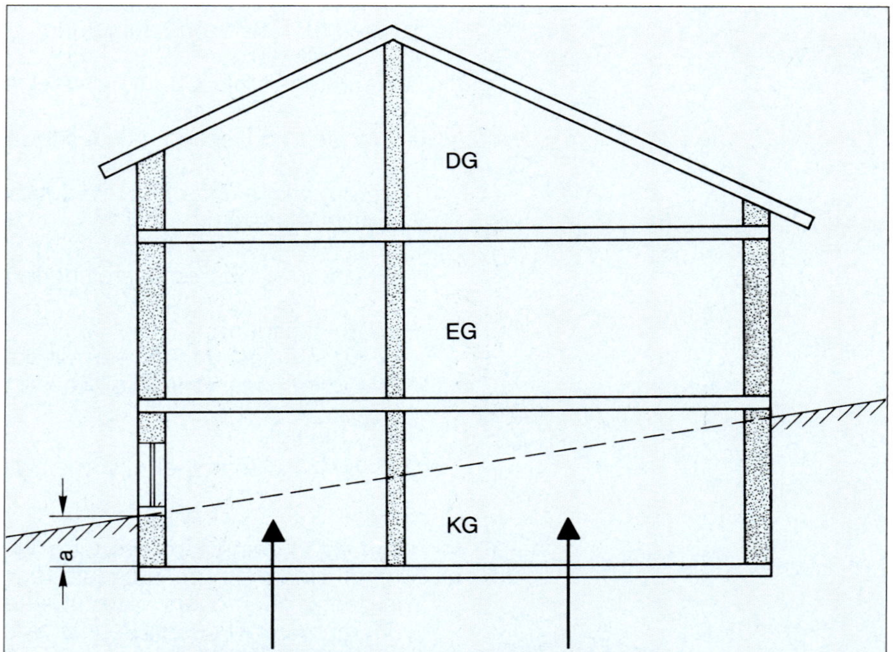

Bild 7.34

Leitungsverbindungen in diesen Räumen sind durch Schweißen oder Hartlöten oder durch Schneidringverschraubungen herzustellen.

In Räumen unter Erdgleiche dürfen Gasgeräte für Flüssiggas nur aufgestellt werden, wenn

- sichergestellt ist, daß bei abgeschalteten Gasgeräten die Zufuhr von Flüssiggas in die Brennstoffleitung im Aufstellraum verhindert wird. Es muß sichergestellt sein, daß das aus einer Leckstelle in dieser Leitung ausströmende Gasvolumen 0,2 % des Rauminhaltes des Aufstellungsraumes nicht überschreiten kann oder
- der Raum Lüftungsanlagen wie für Heizräume hat (Zuluft 300 cm^2, Abluft 180 cm^2) oder
- eine mechanische Lüftungsanlage mindestens für einen 1,5-fachen Luftwechsel je Stunde sorgt und ein Magnetventil schließt, wenn die Lüftungsanlage nicht wirksam ist.

Beispiel für die Berechnung der 0,2 %-Grenze

Es gelten folgende Gleichungen:

$$v_1 = d_i^2 \frac{\pi}{4} L \qquad V_2 = \frac{v_1 (p_1 + p_2)}{p_2}$$

v_1 – Gasvolumen in der Leitung, das ausströmen kann

v_2 – Gasvolumen, nachdem es aus der Leitung ausgeströmt ist

p_1 – Betriebsüberdruck

p_2 – Druck im Heizraum

d_i – Innendurchmesser der Gasleitung

L – Länge der Gasleitung

Berechnungsbeispiel

Heizraumgröße	= 10 m³
Betriebsüberdruck	= 50 mbar = 0,05 bar
Druck im Heizraum	= 1 bar
Innendurchmesser der Gasleitung	= 13 mm = 0,013 m
Länge der Gasleitung	= 10 m
0,2 % der Heizraumgröße	= 0,02 m³

Die Bedingung für das Berechnungsbeispiel ist, daß das mögliche Gasvolumen, das ausströmen kann, ein Volumen $v_2 < 0{,}02\ m^3$ besitzt.

$$v_1 = 0{,}013^2 \frac{\pi}{4} 10 = 0{,}001327\ m^3$$

$$v_2 = \frac{0{,}001327\ (0{,}05 + 1)}{1} = 0{,}00139\ m^3$$

Damit ist die Bedingung erfüllt.

7.7.1 Zusätzliche Anforderungen bei der Aufstellung von Flüssiggasgeräten in Räumen unter Erdgleiche

Beispiel

Magnetventil vor dem Gebäude
(Raumlüftung mit Ventilator)

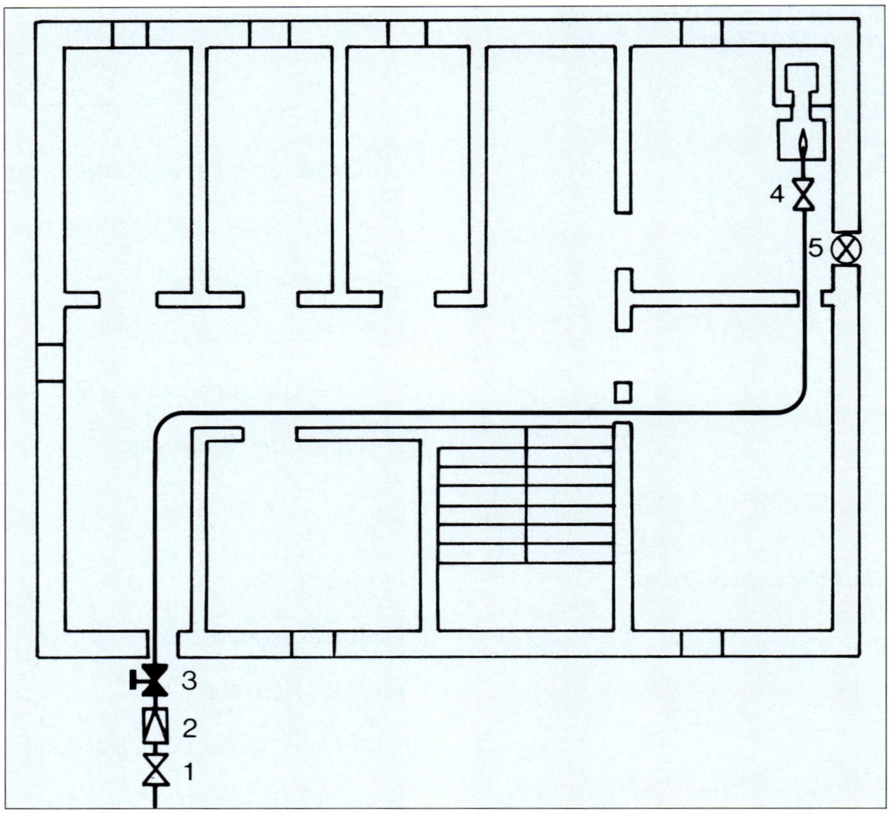

Bild 7.35

1 *Hauptabsperrventil*
2 *Regler*
3 *Magnetventil*
4 *Geräteabsperrventil*
5 *Ventilator*

Beispiel

Magnetventil vor dem Heizraum
(Regler-Set vor Gebäude, Lüftungsanlage wie für Heizräume)

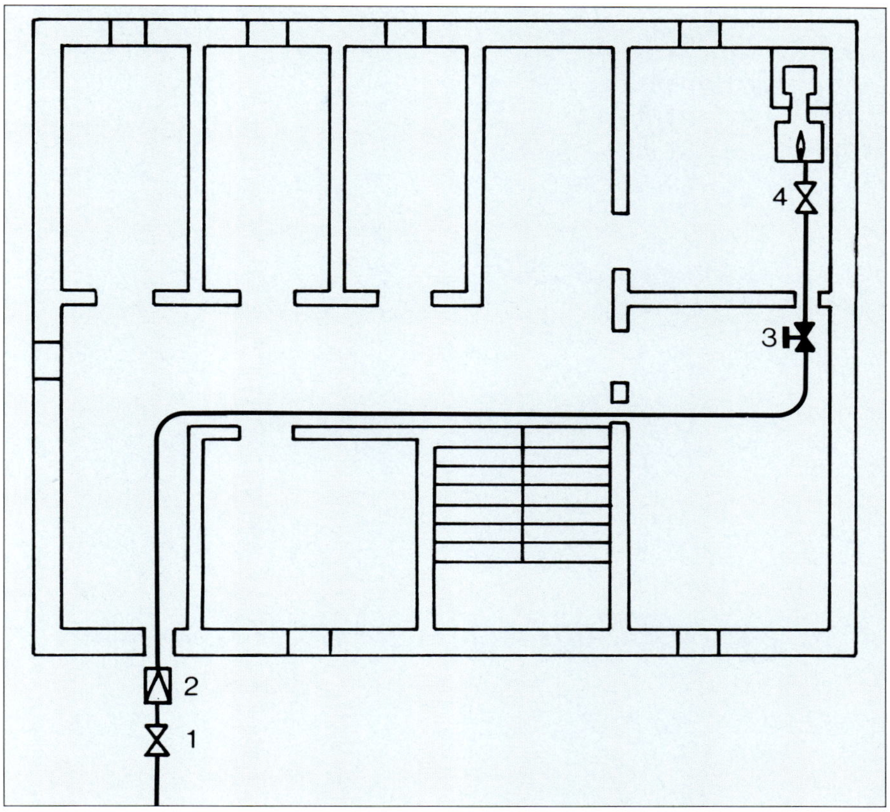

1 Hauptabsperrventil
2 Regler
3 Magnetventil
4 Geräteabsperrventil

Bild 7.36

Belüftung ohne Ventilator

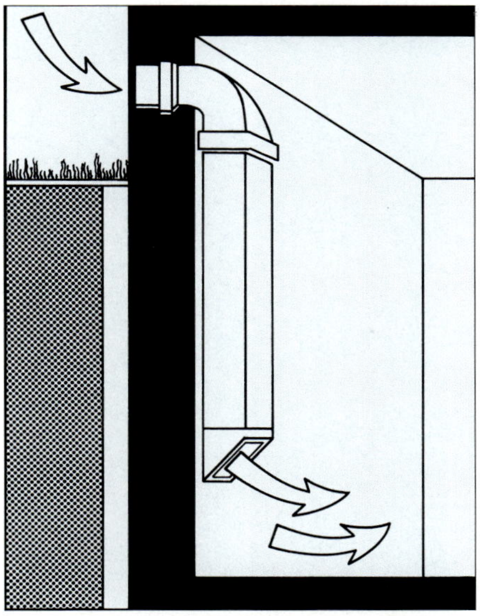

Bild 7.37

Abgas-führung von Gas-geräten

8

8 Abgasführung von Gasgeräten

Die **Abgasführung** von Gasgeräten der **Art B und C** sollte bereits während der Planungsphase mit dem zuständigen Bezirksschornsteinfegermeister abgesprochen werden. Hierzu dient unter anderem vor Baubeginn die vollständig und richtig ausgefüllte Anmeldung über die Ausführung der Gasanlage (z.B. gemäß DVGW-Arbeitsblatt G 665). Die Anlage darf nicht ohne Einverständnis des Bezirksschornsteinfegermeisters dem Betreiber zur Benutzung übergeben werden. Deshalb ist es sinnvoll, ihn bei der Ausstellung einer Endbescheinigung nach Fertigstellung der Anlage hinzuziehen.

8.1 Aufgaben und Merkmale des Schornsteins

Das Gasgerät bildet mit der Abgasanlage, die aus Abgasrohr (Verbindungsstück) und Schornstein besteht, ein zusammenwirkendes System: die Feuerungsanlage.

Der Transport der Abgase durch den Schornstein erfolgt mit Hilfe des thermischen Auftriebs, auch Zug genannt. Er bildet sich, weil die Abgase heißer und damit leichter sind als die Umgebungsluft.

Schornsteinzug

P_Z = Zugstärke des Schornstein
P_{EA} = Zugbedarf
P_W = Zugbedarf des Wärmeerzeugers
P_L = Zugbedarf für Zuluft
P_e = Gesamtzugbedarf

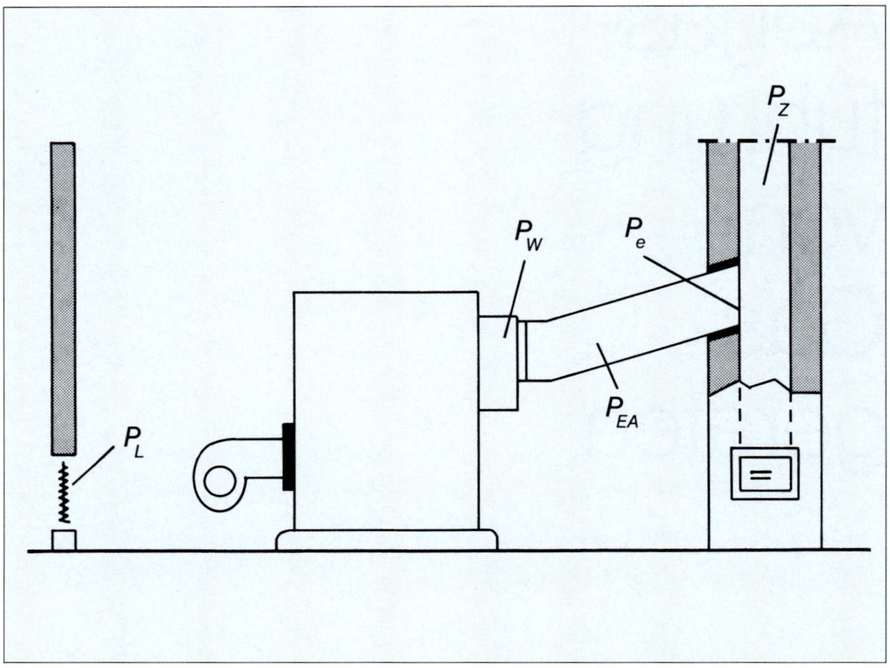

Bild 8.1

Der Zugbedarf liegt im Regelfall bei 0,05 mbar – 1,00 mbar.

Angaben der Hersteller in der Gerätebetriebsanleitung beachten!

8.2 Anschlußbeispiele von Heizkesseln

Anschluß für Heizkessel mit Gebläsebrenner

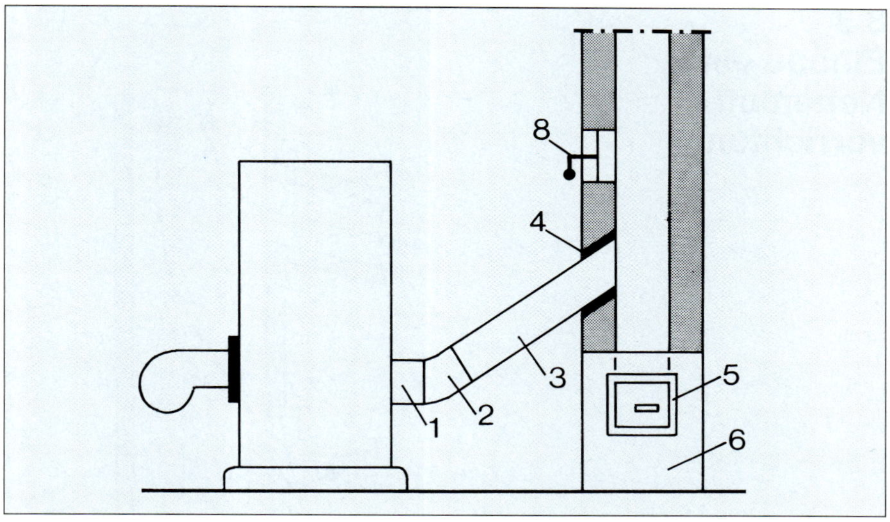

Bild 8.2

Anschluß für Heizkessel mit atmosphärischen Brenner

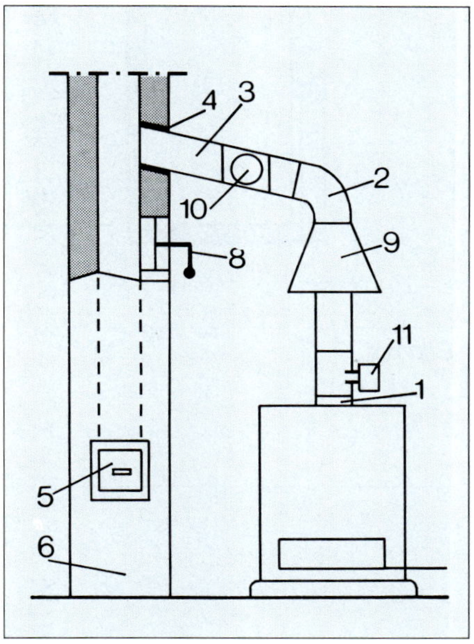

Bild 8.3

1 Abgasrohrstutzen
2 Rohrbogen mit Reinigungsdeckel
3 Abgaskanal (Abgasrohr)
4 Abgasrohrhülse und Asbestschnurdichtung
5 Reinigungsöffnung mit Reinigungsverschluß
6 Schornsteinsohle
8 Nebenluftvorrichtung
9 Strömungssicherung
10 Thermische Abgassperrklappe (Einbau mit dem Hersteller abstimmen)
oder
11 motorbetriebene Abgassperrklappe

8.3 Einbau einer Nebenluftvorrichtung

Nebenluftvorrichtungen haben die Aufgabe, dem Abgasweg von Gasgeräten der Art B zusätzlich Luft zuzuführen.

Sie werden in drei Arten unterteilt:

- Selbsttätig arbeitende Nebenluftvorrichtungen – auch Zugbegrenzer genannt – geben in Abhängigkeit vom Schornsteindruck eine Öffnung frei, durch die Nebenluft in den Schornstein einströmt.
- Zwangsgesteuerte Nebenluftvorrichtungen sind motorisch betrieben; sie geben während der Stillstandszeit der Feuerstätte eine entsprechende Öffnung frei.
- Kombinierte Nebenluftvorrichtungen vereinigen beide Funktionen in einem Bauteil.

8.3 Einbau einer Nebenluftvorrichtung

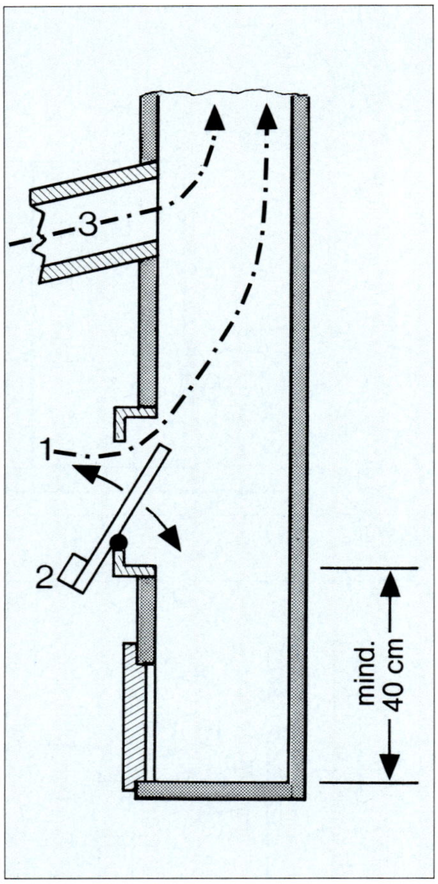

Nebenluftvorrichtung (Zugbegrenzer):

1 Nebenluft

2 Regelklappe mit Gegengewicht

3 Abgas

Bild 8.4

Zugbegrenzer sollen in erster Linie zur Erzielung möglichst konstanter Druckverhältnisse im Schornstein beitragen. Daneben werden sie auch eingebaut, um durch

- Senkung der Taupunkttemperatur
- Erhöhung der Abgasgeschwindigkeit und
- Durchlüftung des Schornsteins zur Austrocknung während der Stillstandszeit des Brenners

Durchfeuchtungen im Schornstein zu vermeiden.

Die Vorrichtungen sind insbesondere bei Feuerstätten im Ein-/Aus-Betrieb wirkungsvoll.

8.4 Anschluß von Abgasrohren am Schornstein

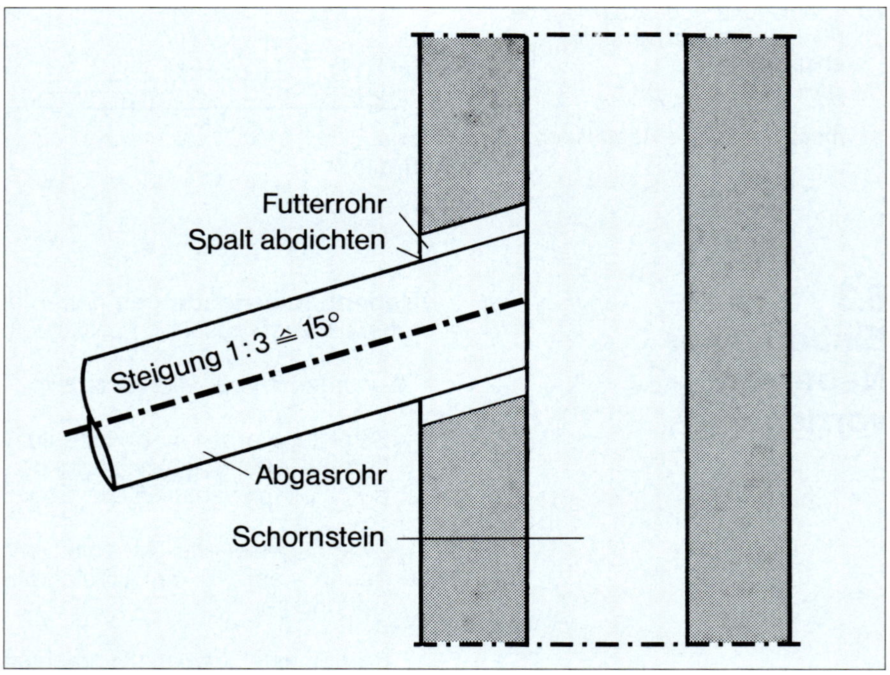

Bild 8.5

Schornstein-Ausführung

Bild 8.6
Einschaliger Schornstein aus Formsteinen

Bild 8.7
Zweischaliger Schornstein aus Mantelformsteinen mit eingezogener Innenschale

Bild 8.8
Montageschornstein aus säure- und feuerfestem Schamottetonrohr. Wärmedämmschicht und Leichtbeton-Mantelstein

Bild 8.9
Schornsteine aus säure- und feuerfestem Schamottetonrohr mit Wärmedämmschicht und Ummantelung aus bauseitigem Mauerwerk

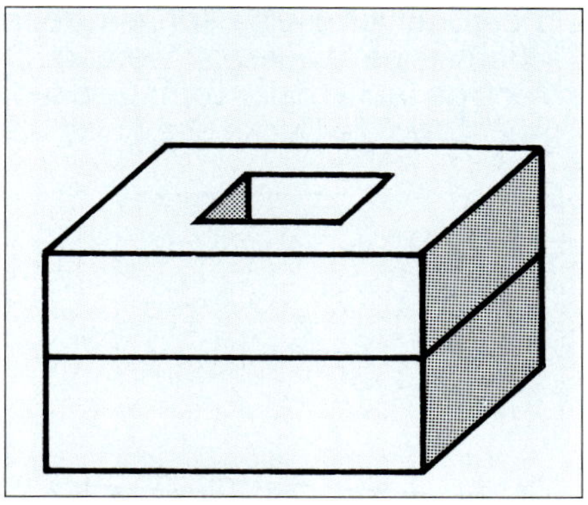

Bild 8.6

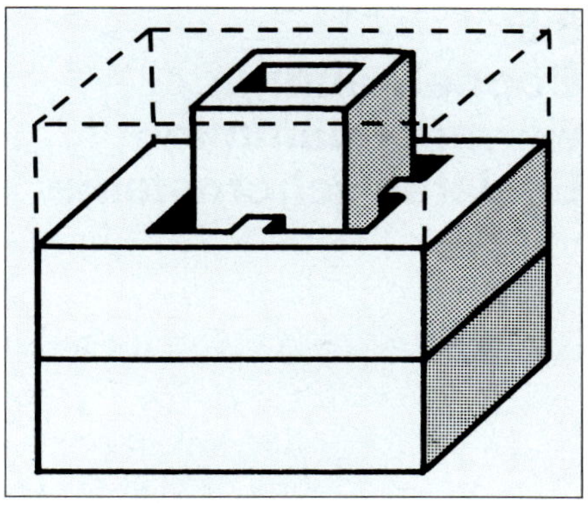

Bild 8.7

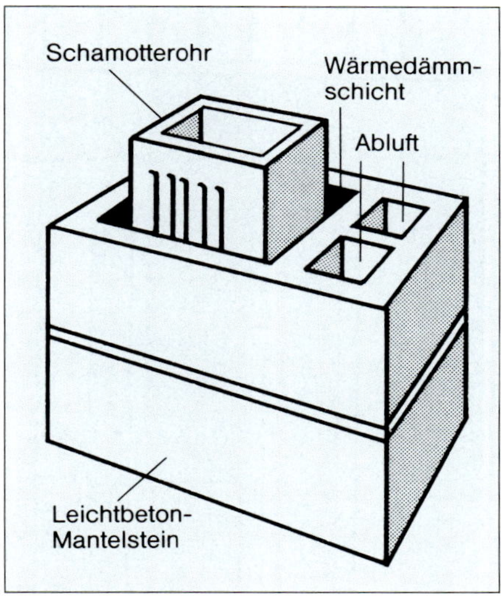

Bild 8.8

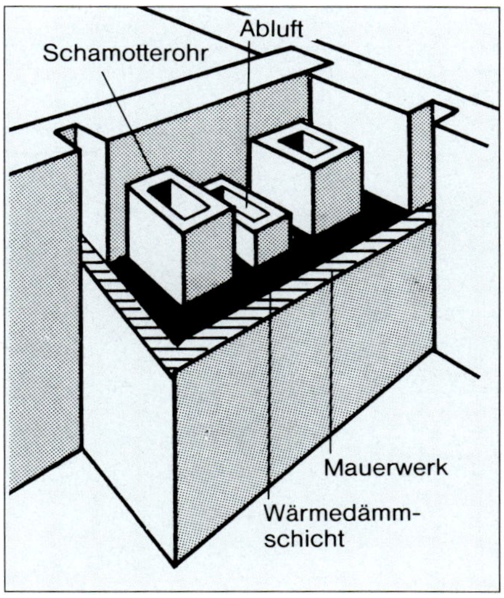

Bild 8.9

8.5 Doppelwandige, wärmegedämmte Edelstahlschornsteine

In bestimmten Fällen können doppelwandige, wärmegedämmte Edelstahlschornsteine eingesetzt werden. Diese Bauart ist u. a. zugelassen für die Montage außerhalb vom Gebäude oder im Gebäude, wenn das Dach gleichzeitig die Decke des Aufstellraumes bildet (Dachheizzentrale).

Bild 8.10

8.6 Beispiel eines Schornsteins für Brennwertgeräte

Die Abgase von Brennwertgeräten müssen über korrosions- und kondensatbeständige Abgasleitungen abgeführt werden. Die Abgasleitungen werden nach Anweisung der Hersteller installiert.

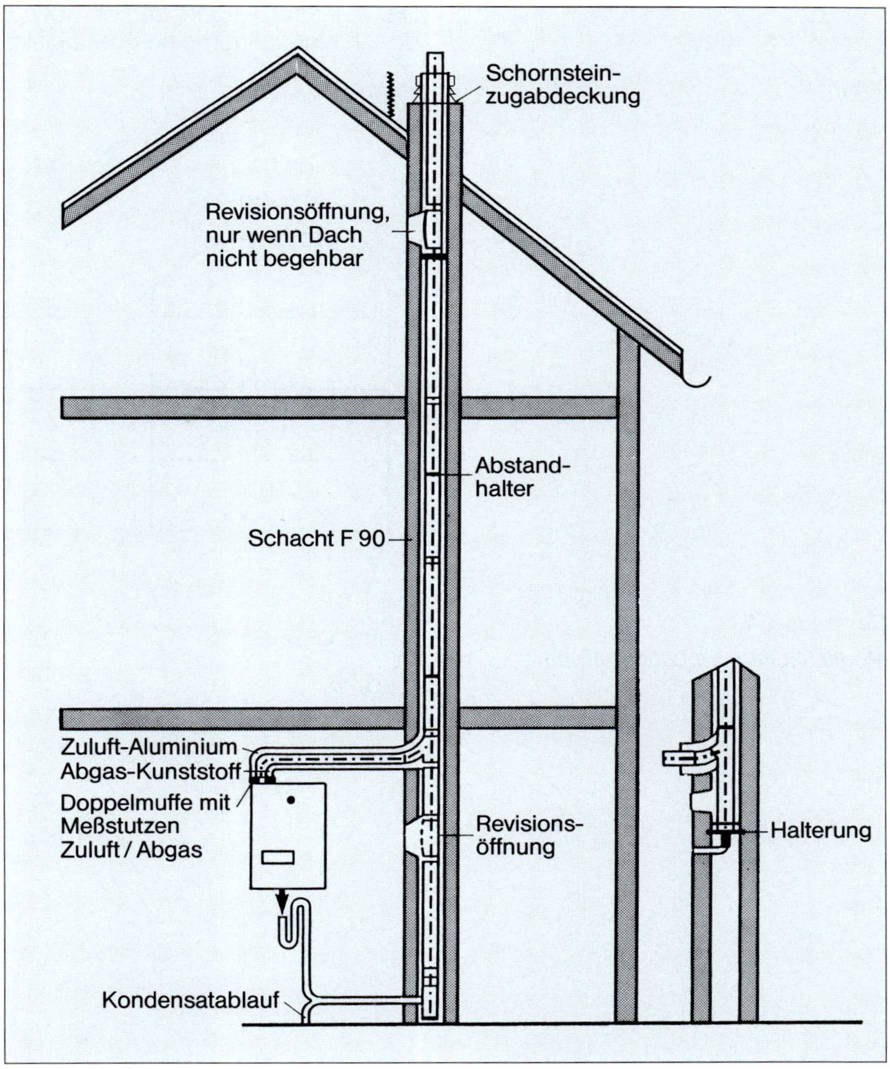

Bild 8.11

Abführung des Kondensats ist mit der Abwasserbehörde abzustimmen!

8.7 Luft-Abgas-Schornstein

Das LAS-System (Luft-Abgas-System) ist geeignet zum Betrieb von raumluftunabhängigen Gasgeräten der **Art C 3.1.**

Es kann unabhängig von der Raumgröße installiert werden. Für eine dezentrale Versorgung in Alt- und Neubauten ist das System besonders geeignet. Die Abgase werden immer über Dach abgeführt. Das Luft-Abgas-System bedarf einer allgemeinen bauaufsichtlichen Zulassung.

Bestands-LAS
Möglichkeiten der Luftzuführung

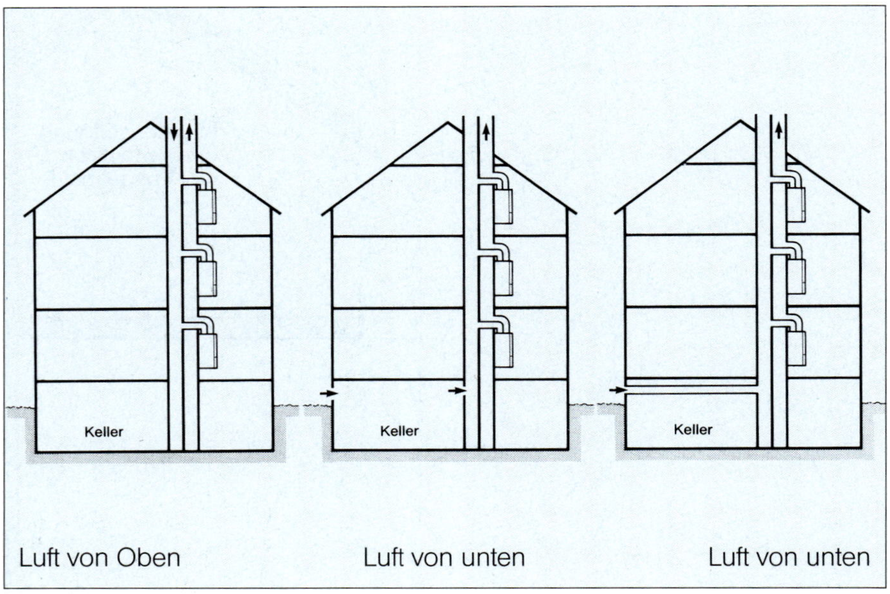

Bild 8.12

8.8 Nutzung bestehender Schornsteinanlagen für das LAS-System

Um auch bestehende Gebäudeanlagen mit raumluftunabhängigen Gasgeräten der **Art C 3.1** auszustatten, müssen nachfolgende Bedingungen erfüllt werden.

Zwei voneinander unabhängige Schornsteine oder ein genügend großer einzügiger Schornstein muß vorhanden sein.

Abgasschacht – A
Überhöhung – H
$A_{Abluft} < 16\ cm \times 16\ cm$
$H_{Abluft} \geqq 4b$
$A_{Abluft} > 16\ cm \times 16\ cm$
$H_{Abluft} = 3b$:

Bei der Mündung des Abgasschachtes über Dach ist darauf zu achten, daß der Abgasaustritt um H höher mündet als die Verbrennungsluftzuführung. Zu beachten ist der Querschnitt des Abgasschachtes

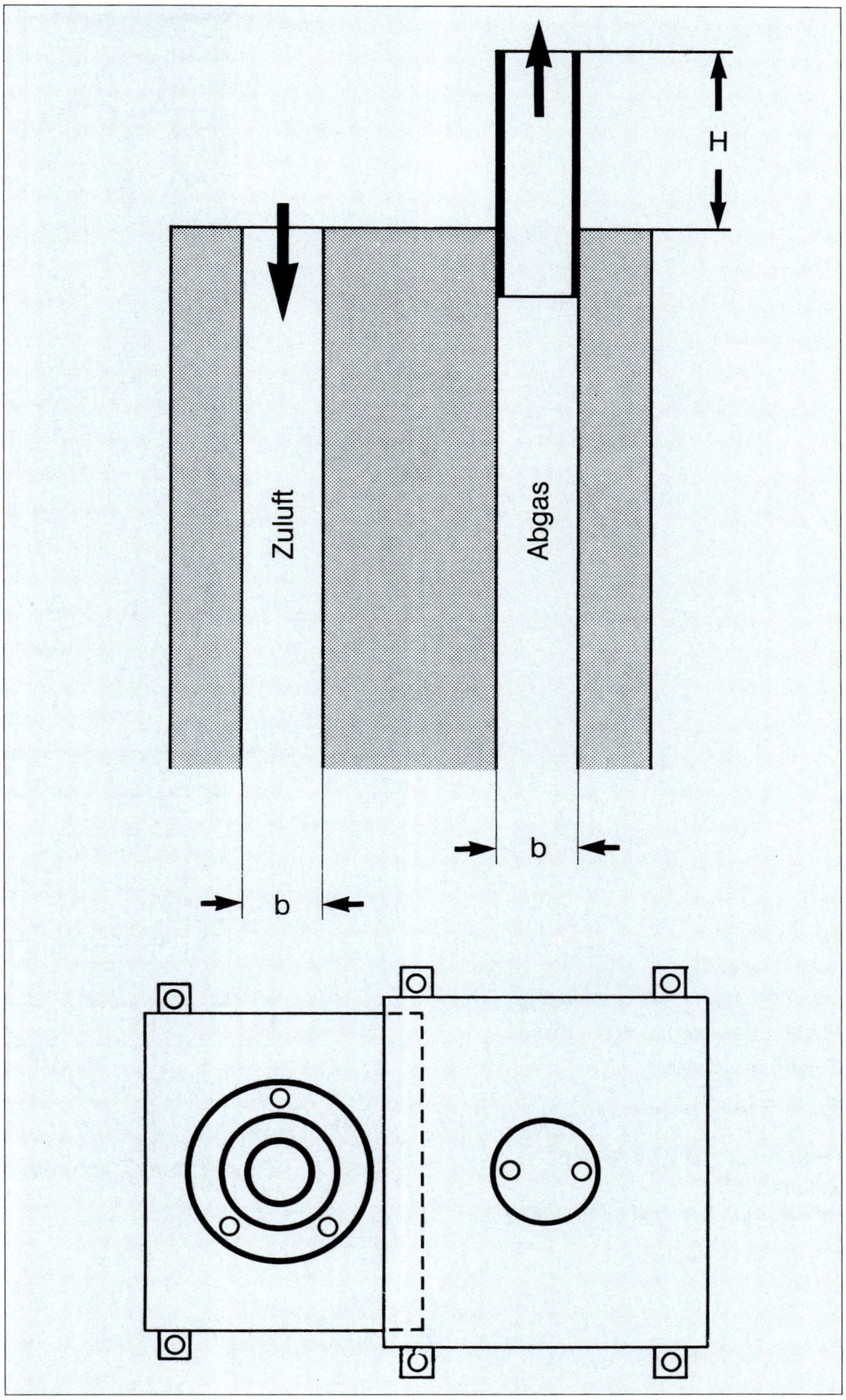

Bild 8.13

8.8 Nutzung bestehender Schornsteinanlagen für das LAS-System

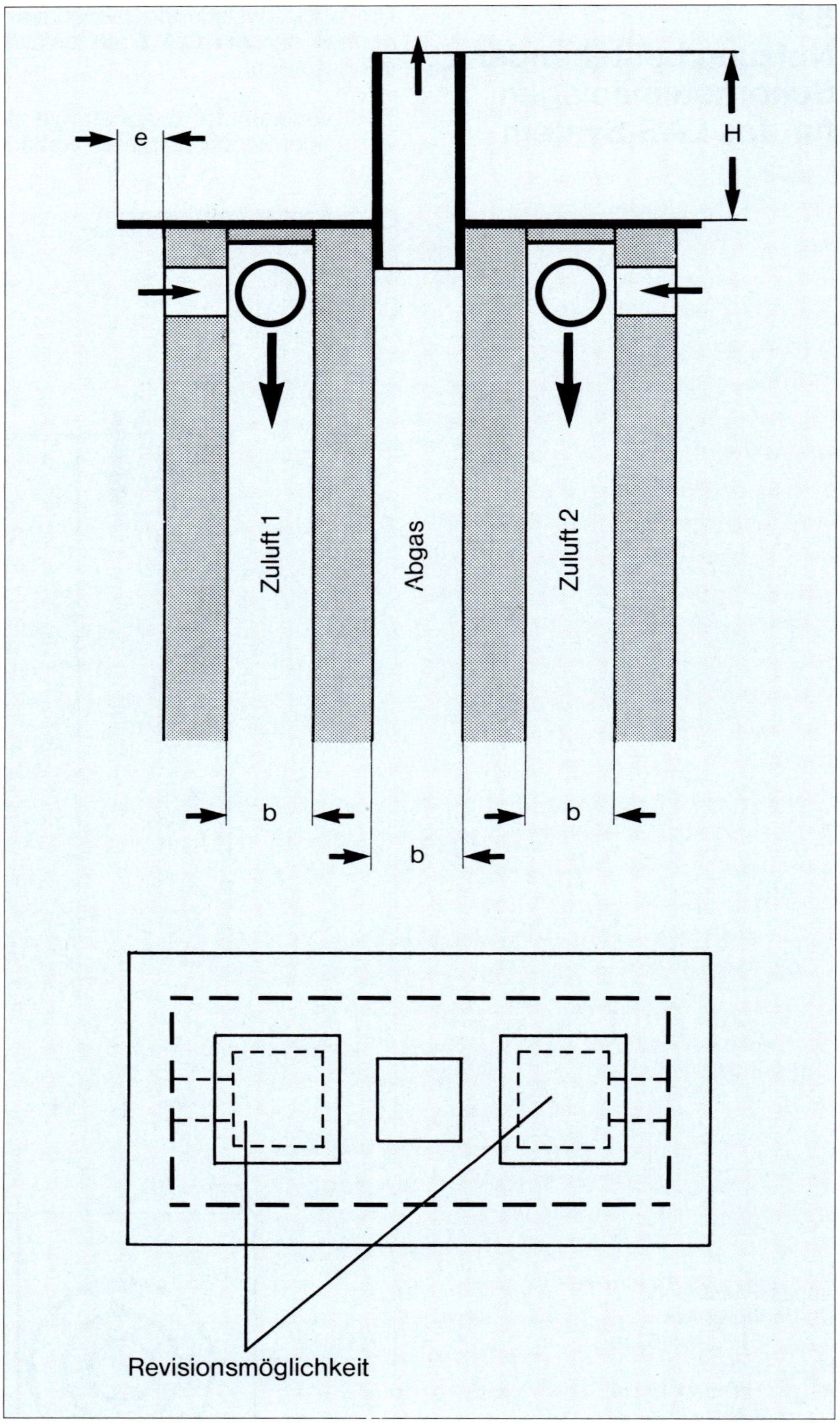

Bild 8.14

Überhöhung: H = b, gemäß Bild

Plattenüberstand: e = 0 – 8 cm

Zuluftquerschnitte:

$A_{Zuluft} = 1{,}2 \times A_{Abgasschacht}$

$A_{Abgasschacht} \mathrel{\hat{=}} \text{Nennmaß}$

Zuluftschacht:
mindestens 2 seitliche Öffnungen

Prüfung und erste Inbetriebnahme einer Flüssiggasanlage

9

9 Prüfung und erste Inbetriebnahme einer Flüssiggasanlage

Für den sicheren Umgang mit Flüssiggas ist es unerläßlich, daß Anlagen nach Erstellung, Änderung oder Betriebsunterbrechung von mehr als 1 Jahr, in bezug auf die Anforderungen in den „Technischen Regeln Flüssiggas“ TRF 1988, gewissenhaft, verantwortungsbewußt geprüft und erst danach in Betrieb genommen werden.

Zu beachten ist dabei, daß nach Art der Flüssiggasanlagen verschiedene Prüfungen notwendig sein können, die von Prüfern mit unterschiedlichen Anforderungsprofilen auszuführen sind.

Bezugsquelle TECHNISCHE REGELN FLÜSSIGGAS (TRF):
Strobel KG Buchvertrieb,
Postfach 5009, 5760 Arnsberg 2
und
Wirtschafts- und Verlagsgesellschaft Gas und Wasser mbH
Josef-Wirmerstr. 1-3, 5300 Bonn 1

Technische Regeln Flüssiggas
TRF 1988

Bild 9.1

9.1 Flüssiggasanlagen mit Versorgung aus Flüssiggasflaschen

Die Prüfung und Inbetriebnahme dieser Anlagen ist von Unternehmen mit Sachkundigen auszuführen.

Prüfumfang

Flaschenanlage:

Flüssiggasflasche, Zustand, Ausrüstung, Befestigung, Aufstellungsort und Schutz gegen Zugriff Unbefugter.
Flaschenschutzschrank, Zustand, Eignung, Befestigung, Be- und Entlüftung und Hinweisschilder.
Hochdruck- oder Niederdruck-Anschlußschläuche und Sammelrohre, Zustand, Eignung und Dichtheit.
Umschaltventil, Zustand, Eignung, Funktion und Dichtheit.
Lösbare Verbindungen, Dichtheit und Verschleiß.
Dichtungen, Verschleiß.

Druckregelgeräte:

Zustand, Eignung, Funktion, Dichtheit und, soweit notwendig, Ausführung der Sicherheitsabblaseleitung.

Leitungen:

Zustand, Eignung, Verlegung, Kennzeichnung, Befestigung, Korrosionsschutz, Dichtheit und Entlüftung, Zugänglichkeit zu den Absperreinrichtungen sowie deren Einbaulage

Gasgeräte:

Eignung, Funktion, Aufstellung, Dichtheit und Betrieb.

Abgasführung:

Eignung, Funktion, Befestigung und Mitteilung an Bezirksschornsteinfeger

Aufstellungsraum für Gasgeräte:

Be- und Entlüftung, Verbrennungsluftzufuhr und zusätzliche Anforderungen an Räume unter Erdgleiche

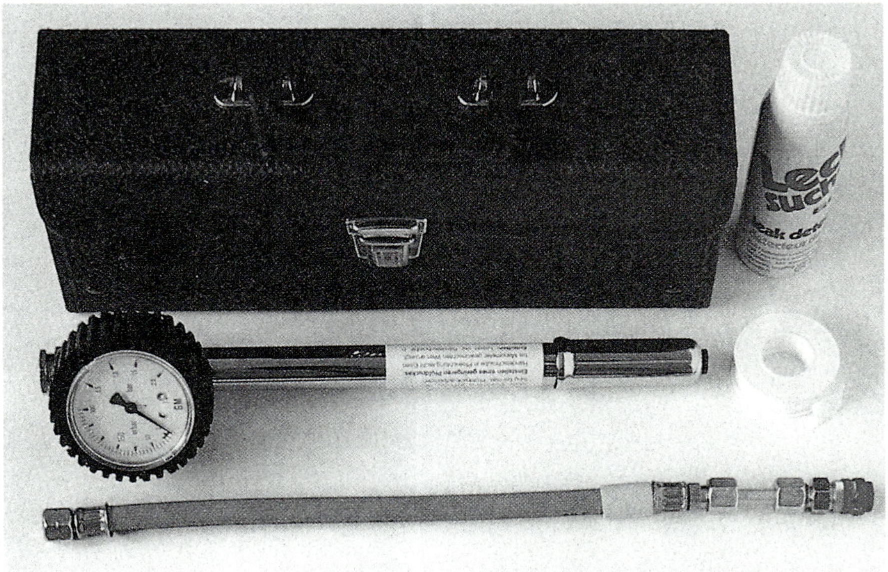

Dichtprüfgerät für Flüssiggas-Rohrleitungen

Bild 9.2

9 Prüfung und erste Inbetriebnahme einer Flüssiggasanlage

Nach ordnunggemäßer und vollständiger Durchführung der Prüfung ist eine Prüfbescheinigung auszustellen und die Flüssiggasanlage nach Einweisung des Betreibers und Aushändigung der Betriebsanweisung freizugeben, wenn keine Mängel gegen die Inbetriebnahme bestehen. Außerdem ist der Betreiber auf die wiederkehrenden Prüfungen hinzuweisen.

Bescheinigung über die Prüfung einer Flüssiggasanlage

Firma/Einrichter ____________________

Verbraucher:
Name: ____________ Straße: ____________ Nr. ____
Wohnort: (______) ____________ Telefon ______/______
Beruf/Betriebszweig: ____________ Kunden-Nr.: ____________

Verbrauchsgeräte: (Art, Type, Leistung), Abgasführung ja ☐ nein ☐

Anlage wurde erstellt am ____________ 19____
durch Fa.: ____________

Art der Anlage:
Haushalt ☐ Gewerbe ☐

Gesamtanschlußwert ______ kg/h

Flaschenanlage: Flaschengröße: 5 ☐ 11 ☐ 33 kg ☐
angeschlossene Fl. ____ Stück, Vorratsfl. ____ Stück
Innenanlage ☐ Außenanlage ☐
Umschaltarmatur: ja ☐ nein ☐ Hand ☐ automat. ☐
Anschraubregler ☐ Aufsteckregler ☐
Reglerleistung: ____________ kg/h
Nächster Prüftermin nach Anhang 4 der TRF 1988, Abschnitt 3.1

Tankanlage: oberirdisch ☐ unterirdisch ☐
Korrosionsschutz . . . .
Behälter Nr.: ________ Größe: ________ kg
Hersteller: ____________ Baujahr: ________
Regelung: einstufig ☐ zweistufig ☐
Betriebsdruck: ________ Reglerleistung: ________ kg/h
Verdampfer: ja ☐ nein ☐ Leistung: ________ kg/h
Hersteller: ____________ Heizenergie: ________
Feuerlöscher vorhanden: ja ☐ nein ☐
Nächster Prüftermin nach Anhang 4 der TRF 1988 Abschnitt 3.1

Aufgrund der vorgenommenen Prüfung wird bestätigt, daß die hier beschriebene und gemäß umstehender Skizze erstellte Flüssiggasanlage in Beschaffenheit und Ausführung den zur Zeit geltenden Regeln, Richtlinien und Sicherheitsvorschriften entspricht. Die Dichtheitsprüfung ergab keine Beanstandungen.
Die Prüfung der Anlage ergab, daß sie einwandfrei arbeitet. Sie wird zur Gasbelieferung freigegeben. Der Betreiber der Anlage wird darauf hingewiesen, daß eine Veränderung der Anlage bzw. des Aufstellungsortes nur vom Sachkundigen vorgenommen werden darf und die Anlage dann erneut abnahmepflichtig wird.

____________ 19____ ____________
Ort Datum Prüfer

Hiermit bescheinigen wir, daß die hier bezeichnete Anlage uns und unserem Bedienungspersonal betriebsfertig übergeben und vorgeführt wurde und einwandfrei gearbeitet hat. Auf die erforderlichen wiederkehrenden Prüfungen wurden wir hingewiesen.

Wir wurden über die Bedienung der Anlage, ihre Funktion und Betriebsweise sowie den Umgang mit den Gasbehältern unterrichtet. Wir wurden weiterhin über die Gefahren bei unsachgemäßer Behandlung oder eigenmächtiger Veränderung der Anlage und des Schutzbereiches hingewiesen.
Über das Verhalten bei Betriebsstörungen wurden wir aufgeklärt. Jegliche Störung der Anlage werden wir dem Gaslieferanten bzw. dessen Beauftragten melden. Eine eigenmächtige Reparatur ist nicht zulässig. Die Betriebsanweisung sowie Kopie dieser Prüfbescheinigung haben wir erhalten.

____________ 19____ ____________
Ort Datum Betreiber

9.2 Flüssiggasanlagen mit Versorgung aus ortsfesten Flüssiggasbehältern

Zum Geltungsbereich der Druckbehälterverordnung, die in fast allen Bundesländern in bezug auf Flüssiggas auch Bestandteil der Landesbauordnungen ist, gehören

- Flüssiggasbehälter (Tanks) ortsfest aufgestellt

  sowie, gültig ab 1. 5. 89 und in der TRF 1988 noch nicht berücksichtigt,

- Rohrleitungen für Flüssigphase oder Gasphase mit einem Betriebsdruck über 0,1 bar, wenn sie mit einem Flüssiggasbehälter in Verbindung stehen.

Daraus ergeben sich für ortsfeste Flüssiggas-Behälteranlagen folgende Einzelprüfungen:

Aufstellungsprüfung für Flüssiggasbehälter mit Baumusterprüfung:

Das sind Druckbehälter für die eine Bescheinigung vom Hersteller vorliegt in der bestätigt ist, daß Fertigung und Ausrüstung mit einem anerkannt geprüften Baumuster übereinstimmt und nach dem Ergebnis der Druckprüfung den Anforderungen entspricht.

In der Regel erfüllen diese Vorraussetzungen Flüssiggasbehälter für oberirdische und erdgedeckte Ausführung mit 2700 und 4850 Ltr. Rauminhalt.

Prüfung Rohrleitungen für Gasphase mit einem Betriebsdruck über 0,1 bar die mit einem Flüssiggasbehälter bis 3000 kg Fassungsvermögen in Verbindung stehen, bestehend aus:

Ordnungsprüfung, Prüfung der Ausrüstung, Errichtung und Dichtheit.

Diese Druckverhältnisse können zutreffend sein z. B. in dem Rohrleitungsabschnitt zwischen den Druckregelgeräten 1. und 2. Stufe.

Diese Prüfungen darf nur vornehmen, wer als Sachkundiger nach § 32 der Druckbehälterverordnung anerkannt ist. Für ortsfeste Behälter ist für den Prüfumfang und zur Feststellung der Prüfergebnisse die DVFG – PRÜFBESCHEINIGUNG zu verwenden.

9 Prüfung und erste Inbetriebnahme einer Flüssiggasanlage

DVFG*)-PRÜFBESCHEINIGUNG über die **Prüfung der Aufstellung** eines ortsfesten Flüssiggas-Druckbehälters **Original**

PLZ (48–51) Ort (52–77)
Straße (18–47)
Name (18–47) Telefon-Nr. (48–59)

Behälterschlüssel: VU (4–6) Behälter-Nr. (8–13) HS (14–15) BJ (16–17)

Ausgestellt durch
Ausgestellt am

Kunden-Nr. (18–26)
Sachkundiger (18–19) Vertr.-Art (20–21) Stat.-Nr. (22–25)

Behälter-Daten
Liter (27–33) Lager-/Schutzart (34) (35–36)
Baumusterkennzeichen Z U A (26–36)

Prüf-Daten
1. Abnahme-Pr. (57–62) letzte innere-Pr. (63–68) letzte Druck-Pr. (69–74)
letzte äußere Pr. (57–62) letzte Aufst.-Pr. (63–68) Fülleitung vorh. m (69–70) davon erdgedeckt m (71–72)

Bestätigung des Auftraggebers
Für erdgedeckte Behälter:
Folgende Bescheinigungen liegen vor:
Prüfung der Isolierung vor der Einlagerung 86
Einwandfreie Einlagerung 87
Einbau der kathodischen Korosionsschutzanlage 88

Unterschrift und Stempel des Auftraggebers

Bestätigung des Sachkundigen **Die Prüfung der Aufstellung**
SK (19–20) am (21–26) Uhrzeit (27–30) des Beh. Nr. (31–40) HS BJ
ergab keine Mängel 00
Gegen die Inbetriebnahme des Behälters bestehen keine Bedenken 94 bestehen Bedenken 96

Unterschrift und Stempel des Sachkundigen

Folgende Mängel wurden festgestellt:

MANOMETER
schadhaft 01
Kennzeichnung fehlt (rote Marke) 02

SICHERHEITSVENTIL
schadhaft 05
Schutzkappe fehlt 06
erforderliche Abblaseleitung fehlt 09
erforderliche Abblaseleitung mündet falsch 10

HÖCHSTSTANDPEILVENTIL
schadhaft, Mängelbehebung vor Befüllung erforderlich 12

INHALTSANZEIGER
schadhaft 15
Skalenkapsel (Anzeige) defekt 16
Markierung des Höchst-Füllstandes fehlt 17

FÜLLVENTIL
schadhaft 20
Dichtung im Ventil defekt/fehlt 21
metall. Verschlußkappe fehlt 22

GASENTNAHMEVENTIL
schadhaft 25
nicht gängig 26
Blindverschluß fehlt 27

ENTWÄSSERUNGSVENTIL
schadhaft 28
Blindverschluß fehlt 29

Die angekreuzten Mängel sind zu beseitigen

FLÜSSIGENTNAHMEVENTIL
schadhaft 31
Blindverschluß fehlt 32
Entleerungsarmatur/ Entnahmearmatur nicht gängig 33
Schnellschlußarmatur mit Fernbedienung nicht funktionsfähig 34

GASPENDELVENTIL
schadhaft 36
metall. Verschlußkappe fehlt 37
Dichtung im Ventil defekt/fehlt 38

KORROSION/FARBANSTRICH
Korrosionsschäden am Behälter (siehe unter Bemerkungen) 40
nicht reflektierend (verschmutzt) 41
erneuerungsbedürftig (Vollanstrich) 42
ausbesserungsbedürftig (Teilanstrich) 43

AUFSTELLUNG/AUSRÜSTUNG
Mängel in der Lagerung (siehe unter Bemerkungen) 45
erforderlicher Anfahrschutz fehlt 46
Zutritt Unbefugter gegeben 47
Zugriff Unbefugter gegeben 48
Ableitung elektrostatischer Aufladung durch Behälteraufstellung nicht gegeben 49
Feuerlöscher fehlt 50
Armaturenhaube fehlt/defekt 52
Schutzbereichsschild/Bedienungshinweis fehlt 53

SICHERHEITSABSTAND (SA) SCHUTZBEREICH (SB)
SA nicht eingehalten 55
SB nicht eingehalten 56
nicht ex-geschützte elektrische Einrichtungen im SB 57

Kanaleinlauf ohne Flüssigkeitsverschluß im SB 58
Gebäudeöffnungen innerhalb SB 59
Gebäudeöffnung oberhalb Behälter 60
SB an mehr als 2 Seiten eingeengt 61
brennbares Material im SB 62
anlagenfremde Gegenstände im SB 63
temporärer SB um Füllanschluß nicht eingehalten 64
Behälteraufstellungsraum fehlerhaft 65

UNDICHTHEITEN
Manometer 66
Sicherheitsventil 67
Höchststandpeilventil 68
Inhaltsanzeiger 69
Füllventil 70
Gasentnahmeventil 71
Entwässerungsventil-Anschluß/-Flansch 72
Flüssigentnahmeventil 73
Gaspendelventil 74
Besichtigungsöffnung 75
Regler 76

ZUSÄTZL. PRÜFUNGEN
erdverlegte Fülleitung undicht 77
erdverlegte Entnahmeleitung für flüssige Phase undicht 78
oberirdische Fülleitung undicht 79
Erdreich um erdgedeckten Behälter gashaltig 80
vorhandene KKS-Fremdstromanl. nicht in Betr. 81
82
Doppelwandbeh.-Kontrollgefäß ausgelaufen 83

ZUSAMMENFASSENDE BEURTEILUNG
Anzahl der Mängel nach der Prüfung 93
Mängelhinweis gelb erstellt mit Plakette 97
Mängelhinweis gelb erstellt ohne Plakette 98
Mängelanzeige rot erstellt 99

BEMERKUNGEN od. sonst. Mängel

DIENSTLEISTUNGEN A
Schutzbereichsschild angebracht 01
Bedienungshinweis angebracht 02
Füllmarke auf Inhaltsanzeiger angebracht 04
auf fällige Feuerlöscherprüfung hingewiesen 06

DIENSTLEISTUNGEN B
auf Undichtheiten geprüft: (15–18):
erdverlegte Fülleitungen 15
erdverlegte Entnahmeleitungen flüssige Phase 16
oberirdische Fülleitungen 17
Erdreich um Erdgedeckten Behälter 18

Armaturenhaube montiert 20
Manometer ausgetauscht 21
Skala-Inhaltsanzeiger ausgetauscht
Typ »Junior« 22
Typ »Schulz und Rackow« 23
Blindverschl. f. Gasentnahmeventil angebracht 24
Schutzkappe Sicherheitsventil angebracht 25
metall. Verschlußk. Füllventil angebracht 26
zugeh. Dichtungsring Verschlußk. angebracht 27
metall. Verschlußk. Gasp.-ventil angebracht 28
zugeh. Dichtungsring Verschlußk. angebracht 29
Blindverschl. f. Flüssigentnahmev. angebracht 30
verschiedene Dienstleistungen 50

Prüfbescheinigung erhalten:

Unterschrift des Betreibers
Eine Kopie dieser Prüfbescheinigung wurde dem Betreiber postüblich zugestellt.

SONSTIGE ARBEITEN
Berechnung je angef. 1/2 Std. 1/2 Std. 31
1 Std. 32
1 1/2 Std. 33
2 Std. 34

VERGEBL. ANFAHRT aufgrund von:
Kunde lehnte Prüfung ab (siehe unter Bemerk.) 41
Behälter zwischenzeitlich demontiert 42
Behälter wurde ausgetauscht 43
Anschrift war nicht die des Behälterstandortes 44
Zutritt zum Behälter nicht möglich 45
Sonstiges (siehe unter Bemerkungen) 46

(*Herausgegeben vom DVFG Deutscher Verband Flüssiggas e. V., Kronberg)

DVFG-Prüfbescheinigung

Sachkundiger im Sinne von § 32 der Druckbehälterverordnung ist ab 1. 5. 1989, wer

1. auf Grund seiner Ausbildung, seiner Kenntnissse und seiner durch praktische Tätigkeit gewonnenen Erfahrungen die Gewähr dafür bietet, daß er die Prüfung ordnungsgemäß durchführt,
2. die erforderliche persönliche Zuverlässigkeit besitzt,
3. hinsichtlich der Prüftätigkeit keinen Weisungen unterliegt,
4. falls erforderlich, über geeignete Prüfeinrichtungen verfügt und
5. durch die Bescheinigung über die erfolgreiche Teilnahme an einem staatlich anerkannten Lehrgang nachweist, daß er die in Nummer 1 genannten Voraussetzungen erfüllt. Die Bescheinigung ist der zuständigen Behörde auf Verlangen vorzulegen.

Die Sachkunde ist der zuständigen Behörde auf Verlangen nachzuweisen.

Aufstellungsprüfung für Flüssiggasbehälter <u>ohne</u> Baumusterprüfung und Prüfung von Rohrleitungen, die

- für Flüssigphase bestimmt sind, z. B. Behälter-Fülleitung,
- mit einem Flüssiggasbehälter über 3000 kg Fassungsvermögen in Verbindung stehen,

darf nur von einem anerkannten Sachverständigen einer Technischen Überwachungsorganisation, z. B. TÜV, vorgenommen werden.

Prüfung erdgedeckter Flüssiggasbehälter:
Da Flüssiggasbehälter nach ihrer Erddeckung äusserlich durch Besichtigung nicht mehr kontrollierbar sind, müssen sie vor, während und nach der Einlagerung sorgfältig geprüft werden.

Dazu gehört

- die Feststellung der Unversehrtheit des äusseren Korrosionsschutzes,
- die Überwachung der Einlagerung in bezug auf ausreichende Sicherheit gegen Auftrieb durch Grundwasser, Einbringung auf ein Sandbett, allseitige Verfüllung mit Sand und ausreichende Erddeckung.

Diese Prüfungen sind von Sachkundigen auszuführen die nachweisen können, daß sie sich auf den Umgang mit Hochspannungsprüfgeräten verstehen bzw. die bautechnische Fachkunde für die Einlagerung besitzen.

Das Ergebnis der Prüfungen muß in Bescheinigungen bestätigt werden, die zur Aufstellungsprüfung vorliegen müssen.

Flüssig gas

D V F G - BESCHEINIGUNG

über die Prüfung der Umhüllung und die Prüfung der einwandfreien Einlagerung eines ortsfesten erdgedeckten Flüssiggasbehälters

Auf dem nachstehend genannten Gelände wurde am .... ein ortsfester Flüssiggasbehälter in das Erdreich eingelagert.

1) **BETREIBER** (Anschrift der Betriebsstätte)

Name ....

Straße .... PLZ ....

Telefon .... Standort ....

2) **DRUCKBEHÄLTER**

Hersteller/Lieferer: .... Baujahr: ....

Fabrik-Nr. (Herst.Nr.): .... Nenninhalt in l: ....

Zulässiger Betriebsüberdruck in bar: ....

Gasart: ....

Höchstzulässige Füllung: ....

3) **<u>UMHÜLLUNGSPRÜFUNG</u> des Korrosionsschutzes**

Die Unversehrtheit der Behälter-Umhüllung wurde unmittelbar vor der Einlagerung durch Inaugenscheinnahme geprüft. Anschließend wurde eine Hochspannungs-Prüfung mit 20.000 Volt durchgeführt. Schäden an der Umhüllung konnten bei der Prüfung nicht festgestellt werden. ☐ *)

Schadstellen wurden sorgfältig und mit geeigneten Mitteln ausgebessert und nochmals einer Hochspannungsprüfung unterzogen.
Schäden wurden bei der erneuten Prüfung nicht festgestellt. ☐ *)

Tragösen u.ä. wurden vorher gleichwertig wie der Behälter gegen Korrosion geschützt und geprüft. ☐ *)

....

Ort und Datum — Stempel und Unterschrift des Sachkundigen

4) **EINLAGERUNG**

Der Druckbehälter wurde unter Aufsicht des nachstehend unterzeichnenden Sachkundigen fachgerecht und ohne Beschädigung des Behälters bzw. seiner Ummantelung in die Behältergrube auf einer mindestens 20 cm dicken, verdichteten Schicht aus Sand verlegt. Das Bettungsmaterial Sand, frei von scharfkantigen oder aggressiven Bestandteilen wie Steinen, Asche, Schlacke, wurde mit einer mindestens 20 cm dicken Schicht allseitig aufgefüllt und sorgfältig verdichtet, so daß die Umhüllung des Behälters nicht gefährdet wird. Der Behälter wurde mit mindestens 50 cm/1 m allseitig überdeckt.

....

Ort und Datum — Stempel und Unterschrift des Sachkundigen

*) Zutreffendes bitte ankreuzen

Herausgeber: Deutscher Verband Flüssiggas e.V., (DVFG), Kronberg/Taunus

9 Prüfung und erste Inbetriebnahme einer Flüssiggasanlage

Für Flüssiggasbehälter, die in Verbindung mit einer kathodischen Korrosionsschutzanlage eingelagert werden, muß zur Aufstellungsprüfung außerdem ein Protokoll über die ordnungsgemäße Funktion vorliegen, das von der Fachfirma, die den Einbau der KKS-Anlage vorgenommen hat, zu erstellen ist.

Prüfung Druckregelgeräte, Leitungen mit einem Betriebsdruck $\leqq$ 0,1 bar mit Absperreinrichtungen, Gasgeräte, Abgasführung und Aufstellungsraum für Gasgeräte.

Diese Prüfung ist – wie bei Flüssiggas-Flaschenanlagen – von Unternehmen mit Sachkundigen auszuführen und in einer Prüfbescheinigung zu bestätigen.

Inbetriebnahme:
Wenn alle Prüfungen ordnungsgemäß und vollständig durchgeführt wurden und keine Mängel gegen die Inbetriebnahme bestehen, kann der Flüssiggasbehälter gefüllt und anschließend die Anlage, nach Einweisung des Betreibers und Aushändigung der Betriebsanweisung, für den Betrieb freigegeben werden.
Bei dieser Gelegenheit ist der Betreiber auf die wiederkehrenden Prüfungen hinzuweisen.

9. 3 Wiederkehrende Prüfungen

Ein dauerhaft sicherer Betrieb von Flüssiggasanlagen setzt voraus, daß Verschleiß und Alterung an Materialien rechtzeitig erkannt und durch geeignete Maßnahmen beseitigt werden.

Außerdem kann es notwendig sein, neue sicherheitstechnische Erkenntnisse auf bestehende Flüssiggasanlagen nachträglich anzuwenden.

Um diese Ziele zu erreichen, sind zum Schutz der Betreiber von Flüssiggasanlagen in den TRF 1988 im Anhang 4 Fristen für regelmäßig wiederkehrende Prüfungen festgelegt.

Die TRF 1988 berücksichtigen, daß in erster Linie das Sicherheitsbewußtsein beim Betreiber einer Flüssiggasanlage liegen muß. Ausdrücklich wird deshalb eigenverantwortlich dem Betreiber die Veranlassung der Wiederholungsprüfungen übertragen.

In gleicher Weise regeln die TRF 1988 aber auch die Pflichten für den Einrichter einer Flüssiggasanlage. Er hat dafür zu sorgen, daß der Betreiber ausreichend in geeigneter Form auf seine Prüfpflicht und die Einhaltung der Fristen für die Wiederholungsprüfungen eingewiesen wird, z. B.

- mündlich bei Inbetriebnahme der Flüssiggasanlage
- in der gegen Empfangsbestätigung auszuhändigenden Betriebsanweisung
- in den Bescheinigungen für die erstmalige und wiederkehrende Prüfung
- beim Bekanntwerden des Übergangs der Flüssiggasanlage auf einen anderen Betreiber.

Zur besten Lösung zählt jedoch, wenn nach der fachgerechten Installation der Flüssiggasanlage die Betriebssicherheit durch regelmäßige Wartung gewährleistet wird und bei dieser Gelegenheit die wiederkehrenden Prüfungen mit veranlaßt werden. Deshalb ist es besonders wichtig, den Betreiber auf den Vorteil eines Wartungsvertrages hinzuweisen und zum Abschluß zu veranlassen.

9.3.1 Wiederkehrende Prüfungen von ortsfesten Flüssiggasbehältern mit erleichterten Prüfbedingungen

Mit dem Inkrafttreten der neuen Druckbehälterverordnung am 01.05.1989 sind zu den Festlegungen im Anhang 4 der TRF 1988 folgende Abweichungen zu berücksichtigen:

Flüssiggasbehälter mit erleichterten Prüfbedingungen

Bei oberirdisch aufgestellten Flüssiggasbehältern sowie bei erdgedeckten Flüssiggasbehältern, die besonders wirksam gegen chemische und mechanische Angriffe geschützt sind, z. B.:

- mit Bitumenumhüllung und kathodischen Korrosionsschutz
- mit zusätzlichem Außenbehälter aus Stahl und einer Lecküberwachung des Zwischenraumes
- mit einer Außenbeschichtung mit Stoffen auf der Basis von Epoxid- oder ungesättigten Polyesterharzen,

kann bei der wiederkehrenden inneren Prüfung auf die Besichtigung der inneren Wandung verzichtet werden, wenn die Behälter

- ausschließlich der Lagerung von Propan mit dem Reinheitsgrad nach DIN 51622 dienen
- keine Einbauten, z. B. Heizungen oder Versteifungsringe, haben
- nicht mehr als 3000 kg Fassungsvermögen haben.

Das heißt, wenn die innere Prüfung durch den Sachverständigen ansteht, muß der Flüssiggasbehälter nicht geöffnet werden.

Flüssiggasbehälter, bei denen die genannten Voraussetzungen nicht gegeben sind, müssen für die innere Prüfung weiterhin geöffnet werden, damit der Sachverständige die Wandung besichtigen kann.

9.3.2 Wiederkehrende Prüfung von Rohrleitungen

Rohrleitungen, die mit ortsfesten Flüssiggasbehältern in Verbindung stehen und mit einem Betriebsdruck $> 0{,}1$ bar betrieben werden, müssen wiederkehrend zum gleichen Zeitpunkt geprüft werden, zu dem der ortsfeste Flüssiggasbehälter zur inneren Prüfung ansteht.

Die Prüfung ist vorzunehmen durch:

Prüfung durch Sachverständige

Sachverständige

- an Rohrleitungen mit Flüssigphase
- an Rohrleitungen, die mit einem ortsfesten Flüssiggasbehälter in Verbindung stehen, der mehr als 3000 kg Fassungsvermögen hat
- an Rohrleitungen, die mit mehreren ortsfesten Flüssiggasbehältern – ohne Rücksicht auf das Gesamtfassungsvermögen – in Verbindung stehen.

Prüfung durch Sachkundige

Sachkundige nach § 32 Druckbehälterverordnung

- an Rohrleitungen für die Gasphase, die mit einem ortsfesten Flüssiggasbehälter bis 3000 kg Fassungsvermögen in Verbindung stehen.

Zu der Ausdehnung des Anwendungsbereiches der Druckbehälterverordnung auf Rohrleitungen mit einem Betriebsdruck von mehr als 0,1 bar werden zur Zeit

„Technische Regeln Rohrleitungen" – TRR –

erarbeitet, in denen auch der Umfang für die wiederkehrende Prüfung von Rohrleitungen bestimmt wird. Bis diese TRR vorliegen, gelten weiterhin die TRF 1988.

9.3.3 Wiederkehrende Prüfungen von Flüssiggasanlagen

Die TRF 1988 bestimmen erstmals, daß auch die Teile einer Flüssiggasanlage wiederkehrend zu prüfen sind, für die in den „Technischen Regeln Druckgase" – TRG – und „Technischen Regeln Druckbehälter" – TRB – zur Druckbehälterverordnung und in Landesbauordnungen keine Festlegungen getroffen sind.

Es handelt sich dabei um folgende Anlagenteile:

- die Versorgungsanlagen mit Flaschen
- alle Leitungen und Armaturen bei Versorgung mit Flaschen und ortsfesten Behältern mit einem Betriebsdruck bis 0,1 bar
- Druckregelgeräte
- Gasgeräte
- Abgasführung und Verbrennungsluftzufuhr

Damit soll sichergestellt werden, daß alle im Geltungsbereich der TRF 1988 erstellten Flüssiggasanlagen lückenlos in regelmäßigen Abständen auf sicherheitstechnisch einwandfreien Zustand geprüft werden.

Diese wiederkehrende Prüfungen sind auch auf Anlagen anzuwenden, die vor dem Inkrafttreten der TRF 1988 am 01. April 1988 errichtet wurden.

Für die Durchführung der Prüfung ist der Befähigungsnachweis nach Ziffer 1.2.1 der TRF 1988 erforderlich.

Anhang 1

Anforderungen an Vertriebsläger für Flüssiggasflaschen

Die „Technischen Regeln Druckgase TRG 280 – Allgemeine Anforderungen an Druckgasbehälter – Betreiben von Druckgasbehältern" umfassen das Befördern, Lagern, Bereitstellen, Entleeren und Instandhalten von Druckgasbehältern.
Ein Arbeitskreis des Technischen Ausschusses des DVFG hat, insbesondere für die Flüssiggas-Vertriebsstellen, die Anforderungen zusammengestellt, die in Vertriebslägern für Flüssiggasflaschen zu beachten sind. Die nachstehend veröffentlichten „Anforderungen an Vertriebsläger für Flüssiggasflaschen" sollen dem besseren Verständnis dienen, die Anforderungen der TRG 280 sind verbindlich.

Allgemeines

Nach § 24 der Druckbehälterverordnung muß jeder, der gefüllte Flüssiggasflaschen lagert, um sie an andere abzugeben, dies der zuständigen Behörde – Gewerbeaufsicht – unverzüglich anzeigen. In der Anzeige ist die zur Lagerung vorgesehene Flüssiggas-Höchstmenge sowie Ort und Art der Lagerung anzugeben.
Flüssiggasflaschen-Läger dürfen nur von Personen betrieben werden, die mit dem Umgang vertraut sind und von denen zu erwarten ist, daß sie ihre Aufgaben zuverlässig erfüllen.
Die Beschäftigten sind vor Aufnahme ihrer Tätigkeit zu unterrichten über die besonderen Gefahren beim Umgang mit Flüssiggasflaschen sowie Maßnahmen, die bei Unfällen oder Störungen zu treffen sind. Die Unterweisungen sind in angemessenen Zeitabständen zu wiederholen.
Die nachfolgende Zusammenstellung der sicherheitstechnischen Anforderungen gibt die grundsätzlichen Bestimmungen der Technischen Regeln Druckgase – TRG 280 „Allgemeine Anforderungen an Druckgasbehälter – Betreiben von Druckgasbehältern" wieder; die Anforderungen der TRG 280 sind verbindlich.
Flüssiggasflaschen dürfen nicht gelagert werden:

- in Räumen unter Erdgleiche
- in Treppenräumen, Haus- und Stockwerksfluren, engen Höfen sowie Durchgängen und Durchfahrten oder in deren unmittelbarer Nähe
- an Treppen von Freianlagen, an besonders gekennzeichneten Fluchtwegen
- in Garagen
- in Arbeitsräumen.

Um Flüssiggasflaschen sind Schutzbereiche einzuhalten – siehe Tabelle 1, Bilder 1 und 2 für Läger in Räumen und Tabelle 2, Bilder 3 und 4 für Läger im Freien.
Im Schutzbereich von Flüssiggasflaschen dürfen sich keine Zündquellen – Zone 2 nach Elex-Verordnung – und keine brennbaren Gegenstände, keine Gruben, Kanäle oder Abflüsse ohne Flüssigkeitsverschluß sowie keine Kellerzugänge oder sonstige offene Verbindungen zu Kellerräumen, keine Reinigungs- oder andere Öffnungen von Schornsteinen befinden. Der Schutzbereich darf sich nicht auf Nachbargrundstücke oder öffentliche Verkehrsflächen erstrecken.
Auf den Schutzbereich und die Explosionsgefahr ist durch Warnschilder hinzuweisen.
Für die Versorgung erforderliche Fahrzeuge mit den üblichen Verbrennungs- und Elektromotoren dürfen in den Schutzbereichen nur verkehren, wenn Gase nicht in gefahrdrohender Menge zu erwarten sind.

Tabelle 1: Schutzbereich für Flüssiggasflaschen in Räumen

Höhe h (m)	1
Radius r (m)	2

Tabelle 2: Schutzbereich für Flüssiggasflaschen im Freien

Höhe h (m)	0,5
Radius r (m)	1

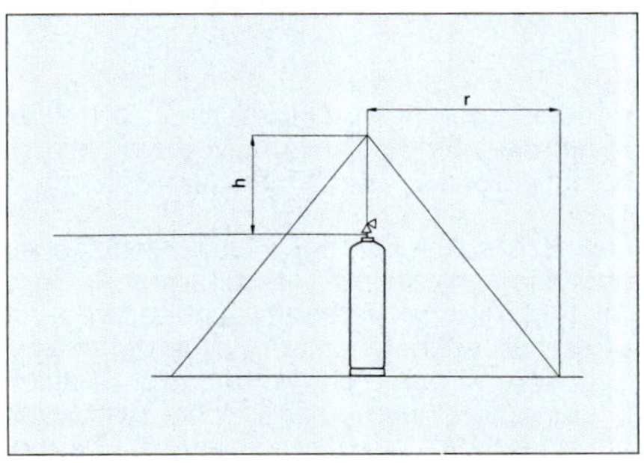

Bild 1

Bild 1: Schutzbereich einer Flüssiggas-Flasche im Raum

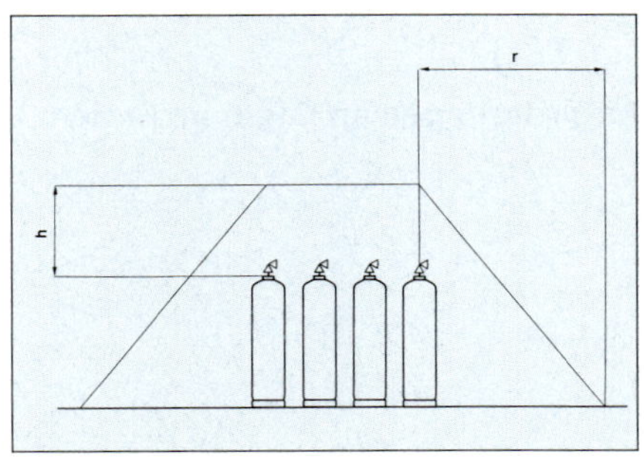

Bild 2

Bild 2: Schutzbereich mehrerer Flüssiggas-Flaschen im Raum

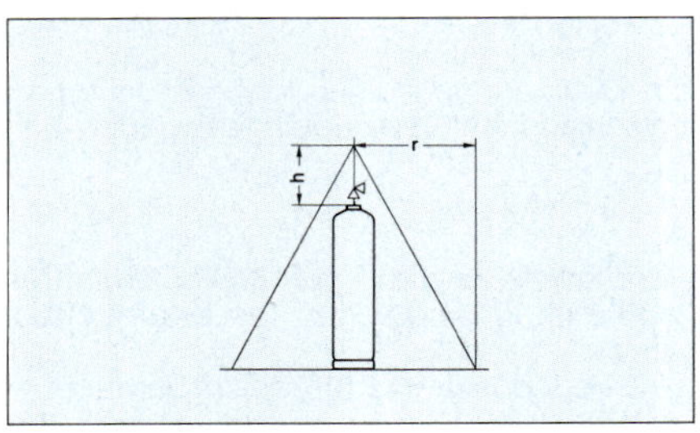

Bild 3

Bild 3: Schutzbereich einer Flüssiggas-Flasche im Freien

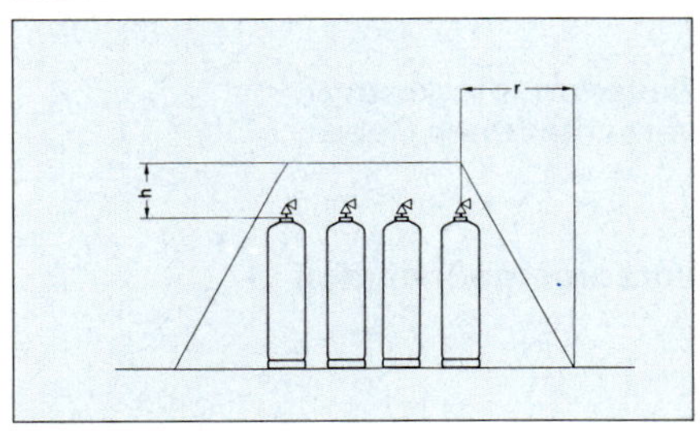

Bild 4

Bild 4: Schutzbereich mehrerer Flüssiggas-Flaschen im Freien

Allgemeine Anforderungen an Läger mit Flüssiggasflaschen

Der Boden des Lagerbereichs muß eben und ausreichend tragfähig für die standsichere Abstellung der Flüssiggasflaschen sein. Einer besonderen Standsicherung bedarf es nicht, da das Verhältnis Durchmesser zur Flaschenhöhe für eine ausreichende Standsicherheit sorgt.

Die Flüssiggasflaschen sind stehend zu lagern. Falls eine Beschädigung durch Anfahren nicht auszuschließen ist, müssen die Flaschen gegen Anfahren gesichert sein, z. B. durch Leitplanken.

Die Absperreinrichtungen von Flüssiggasflaschen müssen, unabhängig davon, ob sie gefüllt oder leer sind, mit den vorgesehenen Schutzeinrichtungen versehen sein – Ventilschutzkappe, Verschlußmuttern –.
Unbefugten ist das Betreten von Vertriebslägern für Flüssiggasflaschen zu untersagen, darauf ist durch ein Verbotsschild hinzuweisen:

> **FLÜSSIGGASLAGER**
>
> Unbefugtes Betreten, Rauchen und Umgang mit offenem Licht oder Feuer verboten!
>
> **Feuer- und Explosionsgefahr**

Jegliche Arbeiten an Flüssiggasflaschen (auch Umfüllen) sind in Vertriebslägern nicht zulässig.
Für Läger mit Flüssiggasflaschen muß mindestens ein geeigneter Feuerlöscher leicht erreichbar vorhanden sein und eine Einrichtung, über die im Brand- oder Schadensfall Hilfe angefordert werden kann (z. B. Fernsprecher).

Anforderungen an Läger in Räumen

Räume zum Lagern von Flüssiggasflaschen müssen mindestens in feuerhemmender Bauweise errichtet sein.
Zu angrenzenden Räumen, die brand- oder explosionsgefährdet sind, muß die Wand feuerbeständig ausgeführt sein. Der Fußboden des Lagerraumes muß mindestens schwer entflammbar sein; Regalböden aus Holz sind zulässig.
Die Dacheindeckung muß ausreichend widerstandsfähig gegen Flugfeuer sein.
Die Lagerräume müssen ausreichend be- und entlüftet werden, d. h. eine Lüftungsöffnung oben und unten von mindestens 1/100 der Bodenfläche des Lagerraumes.
In Lageräumen dürfen keine brennbaren Stoffe, wie z. B. brennbare Flüssigkeiten, Holz, Holzspäne, Papier, Heu, Stroh und Gummi gelagert werden.
Bei der Lagerung von Flüssiggasflaschen in Räumen ist ein Schutzbereich einzuhalten. Bei Räumen mit einer Grundfläche von $\leqq 20\ m^2$ ist der gesamte Raum Schutzbereich – Zone 2 – nach Elex-Verordnung –.

Der Abstand zu Heizkörpern, die die Flüssiggasflaschen unzulässig erwärmen können, muß mindestens 0,5 m betragen.
Lagerräume, die an öffentliche Verkehrswege angrenzen, dürfen an der dem Verkehrsweg zugewandten Wand nur dann öffenbare Fenster oder sonstige Öffnungen haben, wenn diese mindestens 2 m hoch angeordnet sind. Türen in dieser Wand müssen selbstschließend und mindestens feuerhemmend sein.
Lagerräume müssen schnell verlassen werden können.
Lagerräume, in denen mehr als 25 Flüssiggasflaschen gelagert werden, dürfen nicht unter oder über Räumen liegen, die dem dauernden Aufenthalt von Personen dienen.
Lagerräume dürfen keine Verbindung zu angrenzenden Räumen haben, wenn die angrenzenden Räume nicht durch selbstschließende, feuerbeständige Türen verbunden sind und einen eigenen Fluchtweg haben.

Anforderungen an Läger im Freien

Bei der Lagerung von Flüssiggasflaschen im Freien ist allseits ein Schutzbereich einzuhalten – Zone 2 – nach Elex-Verordnung –.

Der Schutzbereich der Flüssiggasflaschen darf sich nicht auf Nachbargrundstücke oder öffentliche Verkehrsfläche erstrecken. Er darf an höchstens zwei Seiten durch eine Schutzwand aus nicht brennbaren Baustoffen eingeengt werden. Die Schutzwand darf an einer Seite auch durch eine Gebäudemauer begrenzt sein, die im Schutzbereich öffnungslos sein muß.
Läger für Flüssiggasflaschen im Freien müssen zu benachbarten Anlagen und Einrichtungen, von denen insbesondere eine Brandgefährdung ausgehen kann, einen Sicherheitsabstand haben. Dieser Sicherheitsabstand beträgt mindestens 5 m; er kann durch eine mindestens 2 m hohe Schutzwand aus nicht brennbaren Baustoffen ersetzt werden.

Zusammenlagerung verschiedener Gase

Die Bedingungen, unter denen Flaschen mit verschiedenen Gasen gelagert werden dürfen, sind den Technischen Regeln Druckgase TRG 280, Absatz 5.2.8 zu entnehmen.

Vorsorgemaßnahmen

Für die Meldung von eventuellen Gefahren muß ein Fernsprecher rasch erreichbar sein.
Ein Feuerlöscher muß leicht erreichbar sein.
Im Brandfall sind die Flüssiggasflaschen entweder aus dem gefährdeten Bereich zu entfernen oder mit Wasser zu kühlen.
Die Feuerwehr ist auf das Vorhandensein der Flüssiggasflaschen aufmerksam zu machen.

Anhang 2

Vorschriften für die Verteilung von Flüssiggasflaschen

von Willibald Kinnebrock

Für die Vertriebs- und Verteilerstellen der Flüssiggas-Versorgungsunternehmen gibt es eine Reihe von Vorschriften, die für die Verteilung von Flüssiggasflaschen zu beachten sind. Die nachfolgenden Anforderungen stellen im wesentlichen die Bestimmungen der „Gefahrgutverordnung Straße" – GGVS – zusammen. Sie berücksichtigen auch andere Vorschriften, insbesondere die „Technischen Regeln Druckgase" – TRG 280 – Betreiben von Druckgasbehältern.

Beim Transport von vollen und leeren Flüssiggasflaschen – teils abhängig von Anzahl/Gewicht – sind die nachfolgenden Vorschriften zu beachten.

A. Grundsätzliche Anforderungen

1. Belüftung gedeckter Fahrzeuge
Werden Flüssiggasflaschen in gedeckten Fahrzeugen, z. B. Kastenwagen, VW-Transportern, Caravans, Kombis usw., transportiert, so muß eine ausreichende Lüftung des Laderaumes gegeben sein.

2. Rauchverbot
Rauchverbot gilt bei Umgang mit Flüssiggasflaschen, in der Nähe von Flüssiggasflaschen und haltenden Fahrzeugen sowie in den Fahrzeugen.

3. Schutz der Flaschenventile beim Transport
Alle Flaschenventile müssen mit Schutzkappen und Verschlußmuttern gesichert sein; die Flaschenventile – auch leerer Flaschen – müssen beim Transport geschlossen sein.

4. Handhabung
Flüssiggasflaschen dürfen weder geworfen werden noch Stößen ausgesetzt sein.
Sie dürfen sich beim Transport nicht in ihrer Lage verändern und müssen gegen Herabfallen gesichert sein. Sie können stehend oder liegend geladen sein, in der Nähe der Stirnwand jedoch querliegend.

5. Handleuchten
Gedeckte Fahrzeuge dürfen nur mit Handleuchten betreten werden, die Flüssiggas nicht entzünden können und keine metallische Oberfläche haben.

6. Motor abstellen
Während des Be- und Entladens ist der Motor abzustellen, wenn er nicht betrieblich benötigt wird, z. B. für die Ladebordwand.

B. Zusätzliche Anforderungen beim Transport von Flüssiggasflaschen mit einem Gesamtvolumen von mehr als 200 l

1. Nach GGVS sind bestimmte zusätzliche Anforderungen zu beachten, wenn das Gesamtvolumen der transportierten Flüssiggasflaschen 200 l überschreitet. Dieses Gesamtvolumen kann nach folgenden Beispielen errechnet werden:

Raumvolumen der 5-kg-Flasche = 12 l
Raumvolumen der 11-kg-Flasche = 27 l
Raumvolumen der 33-kg-Flasche = 80 l

z. B. 6 St. 5-kg-Flasche = 72 l
5 St. 11-kg-Flasche = 135 l
= 207 l Raumvolumen

oder 2 St. 33-kg-Flasche = 160 l
2 St. 11-kg-Flasche = 54 l
= 214 l Raumvolumen

2. Personenbeförderung
Außer der Fahrzeugbesatzung dürfen keine Personen mitgenommen werden.

3. Kein einachsiger Anhänger
Anhänger müssen zwei Achsen haben; Tandemanhänger gelten als einachsig.

4. Zusammenladeverbot
Flüssiggasflaschen dürfen nicht zusammen mit leicht entzündlichem Ladegut befördert werden.

5. Feuerlöschmittel
Jede Beförderungseinheit muß mit mindestens zwei 6-kg-Feuerlöschern (A B C) bestückt sein.

6. Warnleuchten
Das Kraftfahrzeug muß zwei Warnleuchten mitführen (IP 54 mit Prüfzeichen und Prüfnummer).

C. Beförderungspapier

Für den Transport nach GGVS muß ein Beförderungspapier mitgegeben werden, wenn der Transport nicht für eigene Zwecke erfolgt und das Volumen der Flüssiggasflaschen 200 l überschreitet. Das Beförderungspapier muß die folgenden Angaben enthalten:
Name und Anschrift des Absenders,
Ladegewicht,
Gewicht des Gases der vollen Flaschen, Anzahl der leeren Flaschen, Bezeichnung des Ladegutes:
Vollflaschen: Propan 2, Ziff. 4 b GGVS
Leerflaschen: ungereinigte leere Gefäße Propan 2, Ziff. 14 GGVS
Letztes Ladegut: Propan 2, Ziff. 4 b
Nach Teilauslieferung muß die abgeladene Gasmenge bzw. die Anzahl der Leerflaschen anhand der angehefteten Lieferpapiere bestimmbar sein.

D. Weitere Anforderungen

Für den Transport von Flüssiggas in Flaschen mit einem Ladegewicht von mehr als 1000 kg müssen die Fahrzeuge mit Warntafeln ausgerüstet sein, ferner müssen Unfallmerkblätter mitgeführt werden.
Bei einem Ladegewicht von mehr als 3000 kg muß für den Fahrzeugführer, ggf. auch für den Beifahrer, eine Schutzausrüstung mitgeführt werden.
Vertriebsstellen, die solche Transporte ausführen, sollten sich von ihrem Gaslieferanten beraten lassen.